沙质河床非对称沙波阻力特征研究

丰 青 肖千璐 郑艳爽 著

黄河水利出版社
·郑州·

内 容 提 要

　　本书采用理论推导与实测试验数据分析、水槽试验及数值模拟相结合的方式,针对沙质河床非对称沙波几何形态、沙波床面阻力变化及沙波诱发的近底水流边界层紊动结构展开研究,建立了沙波床面水流流速、切应力及悬沙浓度垂线分布的表达式,揭示了水沙输移过程中沙波床面阻力特征及其对动力条件的影响机制,为河道水沙动力与床面形态相互作用研究提供了新的思路。

　　本书可供从事河流动力学、港口航道及水利工程等方面研究的科技人员及高等院校有关专业的师生参考。

图书在版编目(CIP)数据

　　沙质河床非对称沙波阻力特征研究/丰青,肖千璐,郑艳爽著. —郑州:黄河水利出版社,2022.9
　　ISBN 978-7-5509-3404-7

　　Ⅰ.①沙…　Ⅱ.①丰…②肖…③郑…　Ⅲ.①河床-对称-沙波运动-波阻力-研究　Ⅳ.①TV142

　　中国版本图书馆 CIP 数据核字(2022)第 177308 号

策划编辑:岳晓娟　　　电话:0371-66020903　　　QQ:2250150882

出 版 社:黄河水利出版社　　　　　　　　　　网址:www.yrcp.com
　　　　地址:河南省郑州市顺河路黄委会综合楼 14 层 邮政编码:450003
发行单位:黄河水利出版社
　　　　发行部电话:0371-66026940、66020550、66028024、66022620(传真)
　　　　E-mail:hhslcbs@126.com
承印单位:河南新华印刷集团有限公司
开本:787 mm×1 092 mm　1/32
印张:4.875
字数:122 千字　　　　　　　　印数:1—1 000
版次:2022 年 9 月第 1 版　　　　印次:2022 年 9 月第 1 次印刷
定价:69.00 元

前　言

　　沙波是底床泥沙为适应水流动力变化而产生的变形,从而使床面发生一定程度规则变化的特征形态,是水流和泥沙相互作用的产物。沙波运动不仅直接关系到河床变形,更重要的是由于沙波存在导致床面阻力改变,对河道水流结构、泥沙输运及河床演变产生重要影响。沙波床面阻力特征研究是泥沙运动力学与河演变学的重要内容之一,具有广阔的工程应用前景。对于河流防洪中洪水水位和洪峰流量的预测、枢纽上下游河床的淤积和冲刷、河道两岸引水涵闸高程设计、桥梁墩台基础的冲刷、水库调水调沙方案制定、水环境治理以及诸多工程泥沙问题的分析处理都需要以沙波床面阻力研究为基础。因此,研究沙波床面阻力变化规律及其水沙运动特征具有重要的理论价值和实践意义。

　　沙质河床不同水流条件导致的水沙强度不尽相同,其所对应的沙波尺度也各异。在立面二维沙波几何形态中,依据床面法向与水流传播方向的夹角,一般将沙波分为迎流面和背流面。单向流作用下沙波立面一般呈非对称形态,迎流面坡度比较平缓,背流面坡度比较陡峻。一般而言,近沙波面的水流流经沙波波峰后失去边界束缚,导致其不能均匀扩散,在波谷区域上方发生流动分离,在下一个沙波迎流面上再次接触,并在分离点和接触点之间形成涡流结构,造成近底紊流特征与平整床面产生较大差异。同时,水流分离导致迎水面和背水面压力不等产生了沙波的形状阻力,即沙波阻力,它随着水流流速的变化、沙波形态和尺度的改变而改变,若仍采用平床恒定均匀流的结论进行沙波床面阻力的计算,可能会产生较大误差,同时也存在一定的工程隐患。

河床沙波运动及其与水沙相互作用机制一直受到诸多研究者的关注，取得了一系列有价值的研究成果。由于沙波运动本身的复杂性，目前对于沙波成因的认识还难以统一，对沙波形态尺度和沙波运动规律受水流条件影响的研究尚不充分，缺乏有效的特征分析和力学表达。在前人研究的基础上，本书针对沙质河床非对称沙波几何形态、沙波床面阻力变化及沙波诱发的近底水流边界层紊动结构展开研究，建立了沙波床面水流流速、切应力及悬沙浓度垂线分布的表达式，揭示了水沙输移过程中沙波床面阻力特征及其对动力条件的影响机制，为河道水沙动力与床面形态相互作用研究提供了新的思路。

本书研究工作受到国家重点研发计划项目（2017YFC0404402）、国家自然科学基金项目（51909100、52009047）、中央级公益性科研院所基本科研业务费专项资金项目（HKY-JBYW-2016-24）的资助，在编写过程中得到了众多专家学者、领导和同事的帮助，在此谨致谢意！

限于作者水平，书中观点难免有不妥之处，敬请读者给予批评指正。

作 者
2022 年 6 月

目　录

第 1 章　绪　论

1.1　引　言

　　河流是与人类生产生活密切联系的开放系统,它每时每刻都在与外界环境进行着物质与能量交换。作为维持地球生态圈中良好生态系统的关键环节,河流的动态过程不仅影响着地球表面的形成和演化,并且对人类文明发展和技术进步起着举足轻重的作用。随着人类活动在河流及河口海岸地区开发的不断深入,人们逐渐建立了对河流的基本认识和关于河流变化的理论知识与工程实践。为了更加合理地治理和保护河流,大批学者和技术人员持续研究探索,形成了一系列河流动力基本理论和科学实践,并积累了丰富的河流治理经验[1]。然而,一些河流动力过程的理论研究和河道整治工程的关键技术尚不完善,尤其是近底水沙动力与河床边界的相互作用规律,其直接影响到水沙输运和河床演变过程。因此,开展河流床面形态对水流结构和阻力特征的影响研究对于完善河流动力学理论和水利工程设计具有十分重要的意义。

　　在天然河流中,除山区性河流存在砾石河床外,大多为卵石夹沙河床或沙质河床。典型的卵石夹沙河床如长江上中游、珠江中游及西南部分河流,典型的沙质河床如黄河、渭河、塔里木河等。天然水沙条件下,卵石夹沙河床的含沙量相对较低,多以推移质输沙过程为主,伴随悬移质输沙过程;冲刷条件下,河床表层会以砾石为单元形成典型的抗冲层结构,以约束河床的冲刷下切程度;河道流路相对稳定,虽会由于河岸崩塌导致水流中泓线发生一定幅度的偏转,但河势整体稳定,不少卵石夹沙河床的河道经过一定强度的整治已经成为优良的航道[2,3]。天然水沙条件下沙质河床的含沙量存在较强的季节性特征,汛期河道所在流域降雨产流产沙较多,河道含沙量较高,非汛期河道含沙量较低;沙质河床河道内泥沙输运以悬移质为主,汛期与非汛期的悬沙级配差异明显,导致沙质河床水沙动力条件及其与底床边界的相互作用较为复杂[4,5]。

沙质河床往往拥有较厚的泥沙层,"八五攻关"期间,黄河下游花园口段泥沙层厚度的探测结果表明,河段部分测点的泥沙层厚度超过 80 m。沙质河床与河流水沙运动直接相关为位于河床表面的泥沙活动层,其层内泥沙与近底水流存在泥沙交换,泥沙活动层上部的床面形态随着水沙运动的不同而呈现不同的几何特征,影响着近底水沙运动结构及动量、能量的转换;由于其几何形态类似水面重力波,因此常被称为沙波,根据空间尺度大小及形态差异又划分为沙纹、沙垄、沙浪等[6]。在河流动力学和泥沙运动力学中,不少学者认为沙波是泥沙推移质运动的主要形态之一;在多沙河流的沙质河床上,往往存在挟沙水流中悬移质与床沙直接进行水沙界面通量交换,即沙质河床上沙波的形成、调整及稳定的动力机制不仅与床沙颗粒级配、床面黏性边界层及混合活动层内泥沙空隙率相关,而且与挟沙水流中水沙运动形式及近底水流紊动结构息息相关[7]。沙波作为沙质河床典型的床面形态,是水沙两相重要的质量、动量、能量的交互界面,在床沙组成一定的条件下,水沙条件是床面沙波形态最重要的驱动力之一。

关于沙质河床沙波的研究,早期主要集中在野外原型观测和室内模型试验观测[8],特别是当研究者们意识到沙波几何形态可能引起水流阻力发生跨量级变化后,沙波形成的原因、沙波随水流条件的变化规律和沙波阻力的研究逐步从定性向定量转变。天然多沙河流中,在经历大流量洪水或高含沙水流演进后,沙质河床床面形态与河势往往发生显著的改变,国内不少学者和技术人员通过沙质河床沙波几何形态的调整规律解释同流量高水位现象和高含沙洪水远距离高效输沙机制[9-11];这与国外泥沙学者和技术人员通过欧洲河流观测及澳大利亚原型试验获得的沙波形态阻力经验公式表达的信息是一致的[12,13]。为了更好地获取沙波几何特征对水流阻力及水流流速、紊动结构的影响,国内外不少学者以沙波形态为研究对象开展了定床形态水力试验研究或沙波几何形态概化试验研究[14-16],并取得了一系列重要成果,这些成果都为沙波床面动力特征研究提供了坚实的基础。

鉴于沙质河床的易动性及沙波运动本身的复杂性,目前对于沙波形态尺度和沙波运动规律受水流条件影响的研究尚不充分,河流底床边界及其与水沙条件相互作用仍需进一步深入研究。因此,开展沙质河床沙波床面形态尺度、水流结构和阻力特征的研究,对于深化河流边界与水沙条件相互作用规律、完善河流动力学基础研究具有重要理论价值。同时,也可为河流洪水水位和流量预测、坝下河道河床演变机制分析及水库调度方案制定等提供重要技术支撑。

1.2 相关问题研究进展

1.2.1 沙波的形成和稳态

沙波是在一定床沙物理特性及水流条件下形成的一种床面形态,是水流与底床相互作用的产物。由于天然河流水动力条件、泥沙特性及水沙运动过程十分复杂,到目前为止,关于沙波的形成及稳定性评价尚未形成完善而成熟的理论[1]。根据沙波几何尺寸和发展演化过程,将沙波的发展过程划分为沙纹、沙垄、动平床、沙浪、急滩与深潭五个阶段。诸多学者将沙波成因与水流稳定性结合,如 Yalin[17]提出的床面形态演化模式:局部扰动—层流失稳—沙纹形成—湍流扰动—沙垄。钱宁等[6]定义沙波是一种具有周期性规则外形的床面形态,指出沙波的形成与近壁边界层的稳定性有直接关系。赵连白和袁美琦[7]认为各向异性的底床粗糙程度和水流紊动的综合作用导致了沙波床面的形成,由于床面颗粒各向异性及暴露程度不同,所受水流作用力也就不同,其间歇性运动的后果又加剧底床表层的扰动性。采用床面稳定性解释沙波成因的物理图形较为清楚合理,但大多停留在定性描述的层次上。另一类观点则是将沙波看作水流与泥沙两种介质的界面波,利用界面波不稳定性理论进行研究。Kennedy[18]将沙波床面形态假设为正弦曲线形式,采用摄动理论进行分析。Vittori 和 Blondeaux[19]、Foti 和 Blondeaux[20]等基于线性稳定性理论或弱非线性理论分析了波浪作用下床面的稳定性,从而解释沙波的形成。郑兆珍、王尚毅等[21,22]认为床面上做周期性摆动的泥沙颗粒由于在波峰和波谷处所受水流力的不同,可在共振波作用下形成沙波。上述研究方法从理论上对沙波的产生和尺度进行了阐述,但无法解释沙波的不对称性特征及沙波迎流面和背流面上所受到水流作用的差异。

近年来,随着近代湍流力学的发展,部分学者通过探讨湍流底层拟序结构与床沙的相互作用来分析沙波的相关特征。白玉川[23]、Andreas[24]等建立拟序结构与床沙作用的理论模式,研究小尺度沙波的演化与发展。Ji 等[25]根据底部湍动特性引入涡输运方程,结合 Bagnold 泥沙输运方程来描述沙波形态。这类分析利用了湍流尤其是其拟序结构研究的相关成果,从较为微观的角度给出了一些有益结论,但受到研究尺度的限制,所得结论仅可描述边界层范围内的水流结构,且需要复杂的数值模拟计算,难以应用于实际流动情况,也尚未对沙波迎流面和背流面坡度特征做出较好解释。

1.2.2　沙波的几何形态

　　沙波的几何形态是描述沙波床面特征的关键要素,主要指沙波波长、波高及坡度。天然河流、感潮河道及近岸海域沙波纵剖面呈对称或不对称的波状形态,尺度受水流强度、床沙特性及水深等因素控制。目前,针对沙波尺度的研究成果大多为基于室内水槽试验所建立的经验公式[26,27],也有学者对天然条件下底床的沙波分布进行了现场观测[28,29]。不同水动力条件作用下的沙波形态有所差异,振荡型边界水流驱动时,沙波的塑造和运移主要受振荡型水动力控制,由于水体内水质点呈周期性振荡且作用时间很短,底部形成的沙波尺度往往较小,或被称为沙纹。振荡型水流形成的沙纹形态较为规则,长度通常与振荡型水流底部水质点运动振幅有关,大约为几厘米到几十厘米,高度为几厘米,且对振荡型水流强度变化的响应较为明显[30]。现有沙纹预测公式多以室内试验和现场观测资料为基础,采用振荡型水流特征和底沙特征组合的无量纲参数对沙波形态和尺度(无量纲沙波长度、无量纲沙波高度、波陡)进行拟合计算,如 Nielsen 公式[30]、Van Rijn 公式[8]、Mogridge 公式[31] 等。其中,水流强度参数主要有 Shields 参数[32-34]、运动强度参数[30]、运动周期参数[35]、近底水质点运动幅值与中值粒径比值[30,36]、雷诺数[37] 等。

　　河流及感潮河段由于底沙活动频繁,水下较大泥沙堆积体演变形成沙波床面,其特征尺度与纯波浪作用下有所不同。郭兴杰等、王永红等[38,39] 等利用多波束测深系统对长江口南港和北港的水下沙波地形进行了测量,发现沙波多为不对称形态,与河流中的沙波类似,沙波波高、波长与水深及床沙粒径密切相关,且运动和演变速度较为缓慢。关于河流中沙波形态研究,Van Rijn[12]、Yalin 等[17,40] 认为沙波波长与水流中大尺度紊动结构的水平猝发长度有关,以试验研究为基础提出了相应的计算公式。Zhou

等[41]在低能流态区下,得到了泥沙从起动到平衡输移过程中波长和波高的变化规律。Coleman 等[13]通过引入床面高度偏态系数和峰态系数来判别不同的沙波形态,并通过水槽试验统计分析各类床面形态中各位置的床面高度,得出波高平均值是其标准差的函数。

实际上,沙波上水流和床面是相互依存、相互制约的,属于动力学交互作用的过程。基于这一认知,Valance[42]对存在紊动剪切流的沙床上沙波的形成机制进行了探讨。詹义正等[43,44]基于底床与水流交互作用是一个动力学变化过程的事实,从微动量变化对比分析入手,建立了临界动量方程,从理论上探讨了沙波波高与相对水流强度间的函数关系。边淑华等[45]分别从流速、床沙粒径和级配组成这三个角度对胶州湾海底沙波的发育进行了探讨。因此,若考虑沙波能够作为一种稳定形态出现,在沙波床面作用力和反作用力之间必然会增加部分形状阻力取得平衡,通过床面作用力的平衡分析来确定沙波的形态特征,可作为研究沙波床面形态尺度和水流强度变化关系的一种有效途径。

1.2.3　沙波床面阻力特征

沙波广泛分布于冲积河道内,并对水沙输运过程产生显著影响。其中最为直接的影响是对水流阻力的改变。沙波的出现使河道阻力不仅包含由于泥沙颗粒引起的河床粗糙度导致的摩擦阻力,还将产生附加形态阻力。沙波地形上阻力的研究已有不少研究成果,按照表达沙波地形上阻力特征所采用的物理量的不同,可分为两类描述方法[6]:一类采用沙波尺度和组成沙波的泥沙颗粒级配等表示;另一类采用平均水深、平均流速及底床泥沙颗粒级配等表达。前者在非恒定流中研究可移动底床的研究过程中应用较多,后者多出现于恒定流和可视作非移动底床的沙波阻力的研究中。

沙波地形上的阻力可分为沙粒阻力和沙波阻力的综合作用。由已开展的沙垄实测数据[46]可知,严格来讲,由于沙波地形的影响,摩擦阻力的沿沙波纵剖面并非与平底地形沿程为一定值,而是在水流分离区域内较小,在沙波的波峰处相对较大。为便于计算研究,不少学者采用 Nikuradse 粗糙高度进行沙纹、沙垄等不同尺度沙波综合阻力的经验表达,其中以 Van Rijn 公式应用较多[12]。Bridge、Vanoni-Hwang 等采用沙波摩擦系数对沙纹和沙垄引起的综合阻力进行表达[47,48]。McLean[49,50]、Brownlie[51]等采用谢才系数等水动力相关参数得到沙波阻力经验表达式。目前,针对沙波阻力的理论研究相对较少,其中沙波形态阻力为其相关研究内容的难点,如何在理论上明确沙波形态阻力的定量表达是沙波综合阻力研究的核心内容之一。

1.2.4 沙波床面上水流结构特征

水流作用于底部床面促使床面形态发生变化产生沙波,根据牛顿第三定律,沙波的形成及输移反过来也作用于水流,改变水流的运动状态和紊动结构。白玉川和许栋[52]通过水槽试验模拟了天然河流中沙纹的形成,利用声学多普勒测速仪采集沙纹床面不同位置处的高频流速过程数据,分析了沙纹床面湍流的结构和特点。林缅和袁志达[53]利用振荡水槽对固定波状底床上的流场进行测量,讨论了底床形状对其附近流场的影响。毛野等[16]在固化沙波水槽试验中,根据不同区域水体结构特性将其分为自由紊流区和沙波紊流区,并对各区域紊动拟序结构进行了系统的分析,发现自由紊流区与沙波紊流区之间不同紊流拟序结构产生了特有泡漩现象。Stoesser 等[54]提出由于沙波面二次流的不稳定性特征,在附着点附近水流流线向外弯曲并发展为不同方向的漩涡结构。沙波床面上,水流在沙波波峰处发生分离,因水流条件和模型尺寸差异,水流分离长度也不尽相同。Liu[55]指出沙波面水流分离长度是波高的 4~7.8 倍。Lopez 等[56]认为水流分离长度为波高的 3.6~6 倍。Noguchi 等[57]则认为随着沙波的发展,水流分离长度变大,最后趋近于波高的 5.5 倍。

水流运动过程属于非恒定流动,沙波表面水流随着位置的变化将产生加速减速现象[58]。Mierlo 和 Ruiter[59]将沙波概化为三角形并进行试验研究,详细测量了沙波上流速、切应力等分布特征。Balachandar[60]等开展了不同水深条件下沙波床面水槽试验,发现沙波对流速的影响不仅限于沙波表面水体,上部水体的流速分布与平床上也有较大差别,且沿沙波面呈周期性变化。McLean 等[61,62]从尾流和内部边界层相互作用出发,推导了迎流面流速公式。Wiberg 和 Nelson[63]指出由于该式没有考虑到迎流面的加速流和波陡变化,使其在实际计算中存在较大误差。唐小南和窦国仁[64]通过水槽试验测得沙波沿程和垂线上的速度分布,利用紊流随机理论推导了沙波底床平均意义上的流速分布表达式,而迎流面的水流加速现象未能反映。马殿光等[66]开展了小水深沙波试验研究,并基于乐培九等的次生流流速分布[65]建立了沙波迎流面流速分布,该式计算结果在底部与实测流速相差较大。根据已有沙波上流速分布试验结果可以看出,由于沙波背流面存在的横轴环流及其本身坡度的影响,沙波上沿程水流流速大小和方向都将发生变化,采用有效的方法描述流速的沿程变化规律是研究沙波上水流结构的重要内容。

1.3 本书主要研究内容

沙波地形对水流运动特征的影响包含水流流速垂线分布、水流紊动结构、水流阻力及泥沙起动条件等多参量、多过程变化。本书采用理论推导与实测试验数据分析、水槽试验及数值模拟相结合的方式,针对沙质河床非对称沙波几何形态、沙波床面阻力变化及沙波诱发的近底水流边界层紊动结构展开研究。基于研究的目的性和针对性,考虑自沿程纵向一维单沙波的几何形态和阻力特征为切入点,主要围绕沙波的几何形态产生的形状阻力和由此引发的近底紊动结构改变两个方面开展相关研究工作。与迎流面相比,沙波背流面由于形态变化而引起了一系列横轴环流运动,导致沙波背流面压强分布与迎流面存在较大差异,进而引起沙波形状阻力,其内在机制复杂,可从沙波形状阻力定义出发并结合近底边界层理论所包含的紊动结构形态进行深入研究。主要研究内容如下。

第1章为绪论,论述了研究背景,针对沙波床面水流结构和阻力特性的国内外研究进展进行综述,并提出本书主要研究内容。

第2章以不同类型水动力条件作为背景,开展沙波动床试验研究,对不同水流强度条件下沙波几何尺度以及水流结构进行测量,为开展沙波阻力综合影响的定量分析研究提供基础试验资料。

第3章针对对称型沙波几何尺度进行研究,利用理论分析方法推导了沙波波高和背流面长度计算公式,公式可用来确定对称性沙波几何形态。

第4章针对沙波迎流面坡度展开分析,考虑到迎流面上水流结构恢复过程,对沙波微元和沙波面泥沙颗粒进行受力分析,得到一定概化条件下的沙波波高、波长及水下休止角表达式。

第5章对沙波地形上的水槽试验展开数值试验研究,分析沙波地形对水流流速分布的影响。通过对经典试验的分析,给出沙波迎流面上的流速偏移角函数,根据沙波引起的空间流速矢量偏移规律,通过建立的一系列空间子坐标系和标准坐标系,研究非对称沙波迎流面处流速垂线分布。

第6章阐述了床面形态对悬沙浓度垂线分布的影响方式,考虑沙波引起的近底边界条件的变化,推导了沙波地形条件下的悬沙浓度垂线分布。

第7章为结语。

第2章　不同水动力条件下沙波动床试验研究

国内外诸多学者已开展了一系列围绕沙波地形对水动力条件响应的动床试验和现场观测研究[6,12,47,67]，以探索河床床面泥沙对水动力的响应特征。不同水动力特征将产生不同类型的近底边界层，内河无潮且波浪影响较弱的河道在径流作用下产生的沙波往往为迎流面水平投影较长的非对称沙波。在受潮流影响的感潮河段与河口，河床受到往复型底边界层紊动控制，往往形成迎流面水平投影与背流面水平投影相当的对称型沙波。在波浪作用较强的近海海岸底部地形上，受到振荡型底边界层紊动影响，床面常形成几何尺度较小的对称型沙纹。在风浪较大的水域，观测到的沙波地形存在几何尺度较大的沙波地形、表层叠加几何尺度较小的沙纹地形的现象。

Yamaguchi和Sekiguchi[68]针对振荡型水动力条件开展了规则波和不规则波作用下室内水槽沙波动床试验研究。李寿千和陆永军[69]开展了波浪单独作用及波流共同作用下沙波地形动床水槽试验。陈立等[70]研究表明，水槽试验所采用的模型沙及铺沙密实度对底部沙波几何尺度具有直接影响。为此，开展了不同水动力条件下沙波尺度动床试验。由于涉及试验方案较多，此处主要针对振荡型底边界层的沙波动床试验结果进行说明。

2.1　试验设计及水槽布置

试验在华北水利水电大学水利试验大厅的波流玻璃试验水槽

中开展,试验水槽长 50 m、宽 0.8 m、高 1.0 m,水槽为包含造波机的双向流水槽,采用下埋式双向泵,正向可实现单向流水槽试验,出口处设置扇叶式尾门控制进行水位调整。

根据试验进口动力条件进行水槽试验设计和水槽内试验有效段的选取。本次试验中,入口处至试验段的 25 m 水槽为水流过渡段,以稳定水流流态满足雷诺数要求,确保水流进入紊流平方区;中间 9 m 为有效试验段,在该区域内布置了测量流速、含沙量、水位计等测量设备;试验段至尾门退水口 16 m 为退水无效段,以防止退水区域壅水或跌水而发生溯源效应对试验段的影响。为控制模型沙的制备数量、试验成本及缩短试验筹备时间,试验有效段铺设平均厚度约 15 cm 的模型沙,前后无效段采用水泥板进行布设,以进行水流紊动过渡,水槽的设备布置和试验设计如图 2-1 所示。

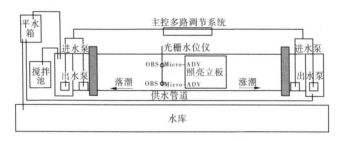

图 2-1　试验水槽各测量设备布置及试验设计示意图

试验水槽中选取并设定试验稳定观测段后,沿观测段中线布置 Sontek 公司研制开发的流速测量设备 Micro-ADV、Campbell Scientific 设计生产的水体浊度测量设备 OBS-3+,以及波高仪和水位计,如图 2-2 所示。

试验采用模型沙为经过二次研磨的阴离子树脂,干容重为 1.33 t/m³。考虑到试验过程中水体中上部含沙量较小,含沙量重点观测区域布置于近底层水流。对位于近底处的 OBS-3+的标定过程进行说明(见图 2-3)。采用电子天平进行定量称取,并制作

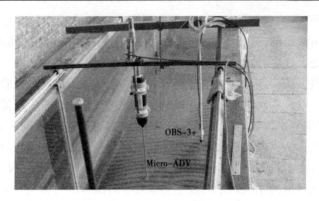

图 2-2 试验水槽内 Micro-ADV 和 OBS-3+测量设备

不同含沙量的标准浑水水样,同时采用水流增絮设备确保标定过程样品含沙量的稳定。采用 OBS-3+测量对各组次水体浊度(NTU)进行 10 min 连续测量,取时段平均值,建立含沙量与浊度的函数关系。各组次标定试验参数见表 2-1。

图 2-3 OBS-3+标定过程采用人工增絮旋桨
确保样品含沙量处于较为稳定状态

表2-1　不同含沙量的标准浑水水样中含沙量与浊度的对比

分组	m_s/g	γ_s/(t/m³)	V_w/L	V_h/L	S/(kg/m³)	NTU
1	100	1.33	10	10.08	9.93	343.36
2	200	1.33	10	10.15	19.70	580.55
3	300	1.33	10	10.23	29.34	675.92
4	400	1.33	10	10.30	38.84	1 279.70
5	500	1.33	10	10.38	48.19	1 231.70

注:m_s 为模型沙重量,γ_s 为模型沙容重,V_w 为水体积,V_h 为水沙混合体积,S 为含沙量,NTU 为水体浊度。

以表2-1中的数据为基础,采用线性函数对含沙量和浊度关系进行拟合,建立含沙量与浊度关系式。建立表达式为

$$S = 0.034\ 53NTU + 0.808\ 72 \tag{2-1}$$

式(2-1)计算值与实测值对比如图2-4所示,相关系数为0.858 25,符合拟合优度要求,可用于水体含沙量测量换算。

沙波尺度测量是试验的关键环节之一。由于模型沙尺度影响,在模型沙产生的较小沙波尺度变化过程中,多普勒地形仪受近底悬沙浓度影响较大,精度降低速率较快,而接触式地形测量仪扰流较为显著,同时接触后的沙波体密实度变化较大,为尽量降低测量过程对沙波形成演变的影响,采用机械式测针与水平直尺结合的方式进行沙波尺度的测量。

模型沙颜色较易识别,但由于容重较小,水流强度较大时较易形成近底高含沙层,上部浑水水体与沙波表层的分界处不易识别,若在水槽中轴线测量沙波几何尺度,数据不易获取。因此,在识别水体与底床边界的基础上,在水槽侧面开展沙波尺度的测量,如图2-5所示。

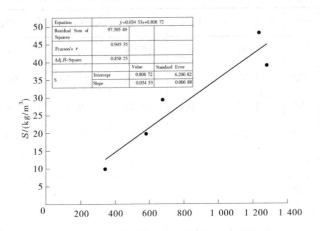

图 2-4　OBS-3+测量的浊度与浑水水体含沙量拟合

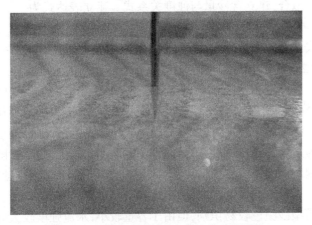

图 2-5　采用测针进行沙波几何尺度的测量

试验中采用 Micro-ADV 精细测量沙波面水流信息。利用 Micro-ADV 对不同水流条件下瞬时流速变化进行持续观测,采样频率为 20 Hz。

2.2　试验结果及数据分析

由于水槽侧壁边界摩擦和水流不均匀性的影响,沙波几何尺度的测量可能存在一定误差,由水流强度较小组次中拍摄的试验图像进行判断和分析,如图 2-6 所示。可以看出,试验中产生的沙波地形在一定范围内波峰线基本平行,经对比分析,水槽中线区域沙波的尺度与水槽侧壁处的沙波尺度差异在 10% 以内。基于测量过程的可操作性和沙波变化状态持续观测的可行性,可以以水槽侧部近壁处的沙波形态数据作为试验过程中沙波尺度实测数据的来源。

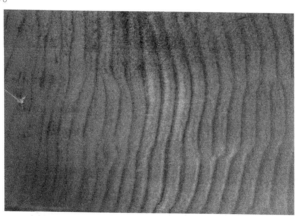

图 2-6　实验室水槽内沙波分布情况

在试验水槽两侧顶部的滑道上布置测针,采用 60 cm 型测针为下探测量高程的参考工具,为了确保测针能够达到沙波波面,采用 Z 形支架与水深测针结合的方式对主要观测区进行不同组次沙波波高和波长的测量,并进行数据筛选,得到不同水流强度下对应沙波平均波长和沙波平均波高。

图 2-7 ~ 图 2-9 为水深 0.3 m 条件下,不同强度的振荡型动力

边界条件在沙波形态稳定后得到的一系列沙波波面。由于沙波所处底床上所铺设的模型沙难以完全均匀,泥沙颗粒在振荡型边界条件的持续作用下,粗颗粒泥沙大多被振荡至泥沙表层,随着水流的持续作用,底床泥沙运动状态不断变化,床面形态和床沙粒径分布向与上方水动力条件相适应的方向不断调整,直至床面形态基本达到稳定状态。此时,床沙附近可明显观测到可动层和不动层的界面。水槽试验所测沙波尺度可作为沙波几何尺度理论分析的验证数据。

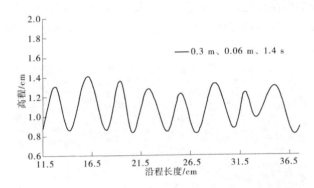

图 2-7　水深 0.3 m、波高 0.06 m、周期 1.4 s 时产生的沙波波面

采用固定点位的方式持续观测水流的流速变化,利用 Micro-ADV 的高频采样频率,进行水流脉动流速、时均流速、紊动强度随时间调整信息的监测。受到水体内气泡及其他影响密度空间分布物理量的影响,Micro-ADV 直接采集的数据拥有相当数量的白噪声和次回波噪声。

试验中采用 Micro-ADV 测量了不同水流强度下沙波面水流瞬时流速,获得了瞬时流速(u,v,w)数据,其中 u 为与水流运动方向相同的纵向瞬时流速,v 为与水流运动方向水平方向垂直的横向瞬时流速,w 为与水流运动方向垂直的垂向瞬时流速。将各方向水流流速分解为雷诺平均流速和脉动流速,可写为

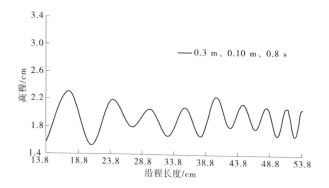

图2-8　水深0.3 m、波高0.10 m、周期0.8 s 时产生的沙波波面

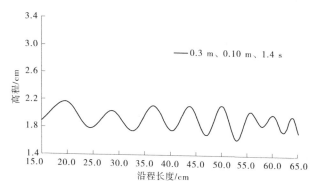

图2-9　水深0.3 m、波高0.10 m、周期1.4 s 时产生的沙波波面

$$\begin{cases} u = \overline{u} + u' & \overline{u} = \dfrac{1}{N}\sum_{i=1}^{N} u_i \\[2mm] v = \overline{v} + v' & \overline{v} = \dfrac{1}{N}\sum_{i=1}^{N} v_i \\[2mm] w = \overline{w} + w' & \overline{w} = \dfrac{1}{N}\sum_{i=1}^{N} w_i \end{cases} \tag{2-2}$$

式(2-2)中：$\bar{u}$，$\bar{v}$，$\bar{w}$ 分别为纵向、横向及垂向的雷诺平均流速；u'，v'，w' 分别为纵向、横向及垂向的脉动流速。脉动流速为与紊动特征直接相关的物理量，其表达式为

$$\begin{cases} |u'^2| = \dfrac{1}{N}\sum_{i=1}^{N} u'u' = \dfrac{1}{N}\sum_{i=1}^{N}(u-\bar{u})(u-\bar{u}) \\[2mm] |w'^2| = \dfrac{1}{N}\sum_{i=1}^{N} w'w' = \dfrac{1}{N}\sum_{i=1}^{N}(w-\bar{w})(w-\bar{w}) \\[2mm] |u'w'| = \dfrac{1}{N}\sum_{i=1}^{N} u'w' = \dfrac{1}{N}\sum_{i=1}^{N}(u-\bar{u})(w-\bar{w}) \end{cases} \quad (2\text{-}3)$$

测量得到的原始水流瞬时流速中，由于多普勒频移以及水中悬移微粒间相互碰撞对真实信号产生干扰，原始信号中存在随机高斯白噪声，需要对所获取的原始数据进行粗差点的剔除和噪声消除。由数据统计分析显示，Micro-ADV 流速仪所测得的瞬时流速数据较为平稳，基本符合正态分布。采用粗差点剔除法进行不合理数据的选择和替代。应用莱特准则，对各组次数据中的残差进行判断，若采用的数据为 $x_i(i=1,2,\cdots,n)$，若残差 $\Delta x_i(1<i<n)$ 满足 $|\Delta x_i|<3\sigma_\Gamma$，则保留该数据；若不满足，则认为数据属于异常值，可判定为粗差点。

$$\begin{cases} \Delta x_i = x_i - \bar{x} \\[2mm] \sigma_\Gamma = \sqrt{\dfrac{1}{n-1}\sum_{i=1}^{n}(x_i - \bar{x})^2} \\[2mm] \bar{x} = \dfrac{1}{N}\sum_i x_i \end{cases} \quad (2\text{-}4)$$

对于采集到的高频流速数据中粗差点的判定和剔除，一般可采用的方法有一阶差分法、线性回归法、多项式逼近法等。考虑到试验数据精度要求，此次采用多项式逼近法进行处理。若需要推算第 t_i 点的数值 x_i，可采用 t_{i-3}，t_{i-2}，t_{i-1} 时的数据 x_{i-3}，x_{i-2}，x_{i-1}

进行二次函数的拟合,假设二次函数的表达式为 $x = at^2 + bt + c$,则

$$\begin{cases} x_{i-1} = at_{i-1}^2 + bt_{i-1} + c \\ x_{i-2} = at_{i-2}^2 + bt_{i-2} + c \\ x_{i-3} = at_{i-3}^2 + bt_{i-3} + c \end{cases} \qquad (2\text{-}5)$$

利用上述方程组代入测量数据,可求解出待定系数 a,b,c ,并计算 t_i 时的数值点 $x_i = at_i^2 + bt_i + c$ 。若采用该方法得到的数值不满足莱特准则对残差的要求,则数值点采用如下方法计算

$$\begin{cases} x_i = \bar{x} + 3\sigma_\Gamma & x_i > \bar{x} \\ x_i = \bar{x} - 3\sigma_\Gamma & x_i < \bar{x} \end{cases} \qquad (2\text{-}6)$$

消除信号噪声的方法目前常用的有移动平均法、傅立叶滤波法、小波变换法等。小波变换是时域和频域均可改变的分析方法,在低频段具有较高的频率分辨率和较低的时间分辨率,在高频段具有较高的时间分辨率和较低的频率分辨率,可对测量信号的细节进行分析判断。小波降噪能根据真实信号与随机噪声在小波变换随尺度参数变换时两者不同的统计特征做降噪处理,然后基于降噪后的信号进行真实信号的重建[71]。

采用小波变换进行数据噪声消除,需要先完成多尺度小波分析,并对各尺度的小波系数进行噪声消除处理。为了能够较好地保留数据完整性,采用软阈值消噪法,对每一分解尺度的小波系数采用不同阈值,使信号在消除噪声的过程中保留原始信号中的突变特征。

小波函数的准确选择对于得到真实的信号至关重要,根据各个小波函数的适用性及已有研究[72],通过分析和测试不同类型小波函数基的去噪效果,确保低频有效信息不会被显著影响,高频白噪声消除效果较为显著,选用 Daubechies 小波函数进行消噪处理,

其对于悬移质含量不高的水流降噪有较好的适用性。过程如下：①对原始信号进行多层小波分解，提取多尺度条件下的尺度函数系数和小波系数，得到不同频率的信号序列；②计算各尺度条件下的阈值，调节小波系数阈值对高频序列进行降噪处理；③将降噪后的信号重构，得到降噪后的流速信号。

采用小波变换处理过的水流瞬时流速信号能够更加合理地反映测量点处水流流速变化。以此为基础，计算各方向脉动流速及脉动流速通量。水深 0.3 m、波高 0.10 m、周期 0.8 s 和水深 0.3 m、波高 0.10 m、周期 1.4 s 条件下纵向和垂向的原始瞬时流速数据和进行数据噪声消除后的流速数据对比如图 2-10、图 2-11 所示。

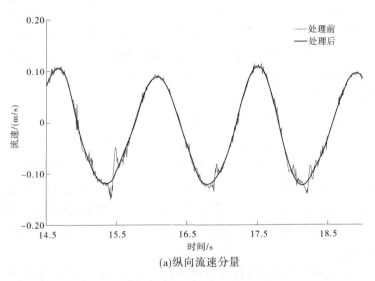

(a)纵向流速分量

图 2-10 不同方向实测水流流速(水深 0.3 m、波高 0.10 m、周期 0.8 s)

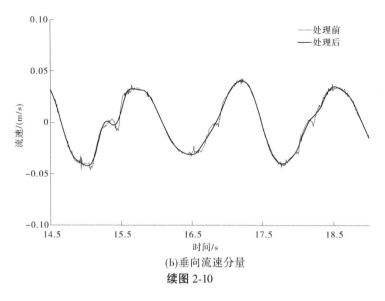

(b)垂向流速分量

续图 2-10

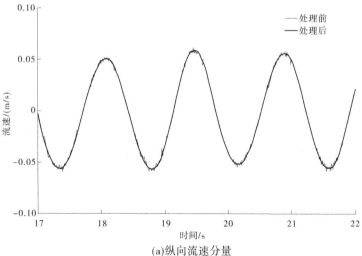

(a)纵向流速分量

图 2-11　不同方向实测水流流速(水深 0.3 m、波高 0.10 m、周期 1.4 s)

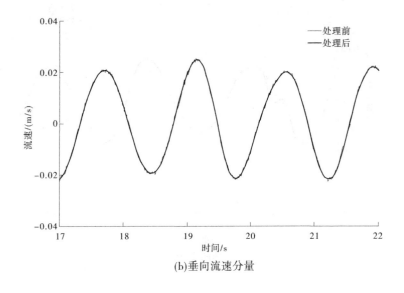

(b)垂向流速分量

续图 2-11

采用标定过的 OBS-3+进行试验水槽近底处和水体 60%水深处含沙量的测量,近底含沙量的测量可为沙波地形条件上含沙量垂线分布研究中参考浓度的确定和验证提供数据支撑,水体 60%水深处含沙量可作为垂线平均含沙量,以确定沙波运动达到稳定状态时水体中的悬沙浓度,并作为不同水深和不同水流强度条件下水流挟沙能力的表征物理量。由于水槽进口处采用清水条件,故水体中悬沙颗粒均来自于试验段所铺设的模型沙起悬。OBS-3+测量仪器的特点为可实现长时间、高稳定性数据采集,但由于内部算法矫正,输出数据的时间间隔较大(一般为 60 s)。考虑到实测数据为经过纠正和降噪处理的结果,将其作为雷诺平均时间尺度上的物理量进行分析。如图 2-12、图 2-13 为沙波达到稳定形态后近底处雷诺平均尺度含沙量随时间变化特征。

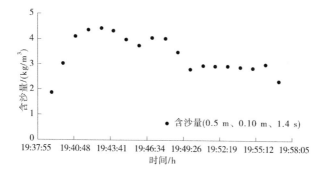

图 2-12　水深 0.5 m、波高 0.10 m、周期 1.4 s 时含沙量时间过程

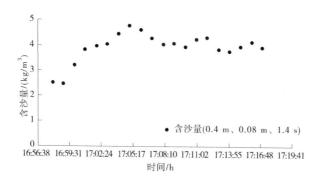

图 2-13　水深 0.4 m、波高 0.08 m、周期 1.4 s 时含沙量时间过程

对开展的 16 组沙波动床试验结果进行整理分析,得到非动平整状态下的试验组次 10 组,定义试验有效段内沙波平均波高与水深的比为沙波相对波高,定义试验有效段内沙波平均波长与水深的比为沙波相对波长,其与水流弗劳德数 Fr 的对比如图 2-14 和图 2-15 所示,在沙波尺度理论研究过程中,将采用该数据对沙波几何形体的表达式进行验证。

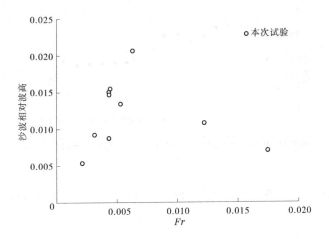

**图 2-14　本次试验得到的非动平整试验组次
弗劳德数 Fr 与沙波相对波高关系**

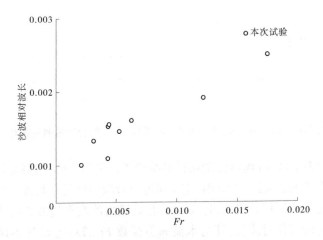

**图 2-15　本次试验得到的非动平整试验组次
弗劳德数 Fr 与沙波相对波长关系**

第3章　对称型沙波几何尺度及阻力分析

沙波床面是河流及河口海岸中常见的床面形态,对水流结构和泥沙运动具有重要影响。水流与底床的相互作用通过泥沙尤其是近底泥沙的运动实现,沙波运动作为推移质泥沙输移的一种集体表现形式,其运动过程与床面阻力、底床冲淤和滩面演变过程直接相关[73,74]。沙波剖面形态及其运动状态由其上方水流强度、紊动特征决定,同时又反过来影响近底流速分布状态,两者相互作用越强,引起的底部泥沙运动越剧烈。

沙质河床对称型沙波大多出现在往复型水流边界层和振荡型水流边界层作用下的床面上,作为沙波单元的稳定性和其表层泥沙颗粒的稳定性较为统一,即在对称型沙波的研究过程中,可将直接关系到沙波几何形态的背流面作为研究对象,则可得到整个沙波的几何尺度,包括沙波波高、沙波波长、波陡、坡度等。沙波表面附近流态与沙波纵剖面形态紧密相关。实际观测表明,沙波表面附近的水流流速不是均匀分布的,而是在波谷处最小,在波峰处最大。近沙波面水流流经沙波波峰后失去边界束缚,导致其不能均匀扩散,在波谷区域上方发生流动分离,进而产生摩擦回流,水体发生明显横轴漩涡运动,沙波面湍流还存在水流猝发现象及不同尺度的漩涡结构。在横轴环流的上下端,出现两个停滞点(奇点),停滞点范围内,沙波表面附近流速为负值。这种复杂的水流结构特点对沙波面床沙运动及沙波演变有着决定性的作用。自波峰沿背水坡面下落的推移质以及在横轴环流拖曳作用下沿坡面向上运动的推移质在背水坡面淤积,粗颗粒泥沙落于背流面高程偏下的位置,细颗粒泥沙淤积在背流面高程偏上的位置。由于沙波迎流面表面附近流速沿程递增,就此区域的任一处而言,来沙量小于去沙量,因而发生冲刷,沙波的背流面由于横轴环流的作用将导致淤积,两者的综合结果形成整个沙波向下游"爬行"的运动态势。若来水来沙条件不变,则一系列的沙波将沿流向以缓慢的速度向前运动,沙波的尺度(波高和波长)将达到平衡稳定状态,基本保持不变。需要指出的是,上文所描述的现象是在理想状态下沙波的运动情况,底床不发生显著的冲淤,所谓"平衡""稳定"只是相对而言的。当水流条件发生变化,如潮流或波浪动力条件下,沙波运动形态将有所差异,但引起沙波地形变化的物理过程和作用机制是与之类似的。

上述沙波床面的形成及运移将引起底部阻力的变化。在不考虑床面形态的水沙运动研究中,一般只计表面阻力且不发生变化;床面出现沙波后,沙波波峰处发生的水流分离导致迎水面和背水面压力不等,产生的压力差造成水流方向的一个合力,这个合力的反作用力就是沙波的形状阻力,即沙波阻力。它随着水流流速的变化、沙波形态和尺度的改变而改变,这是区别于平床定床阻力的重要方面。研究表明[75,76],天然河流中,当表面阻力一定时,沙波阻力占总阻力的比例随沙波尺度的增大而增大,最大可达 50% 左右,因此沙波消长对阻力损失的影响不容忽略。沙波地形条件下的阻力系数不能简单地采用恒定均匀流的结论,由于沙波波峰和波谷交替出现而引起水流沿程水深的变化,水流将以非均匀流的流态在沙波地形上运动。同时,波峰下游形成的漩涡助长了紊动的产生,流速大小和分布沿程发生变化,仅用摩阻流速 $u_* = \sqrt{\tau_b/\rho}$ 无法衡量床面对水流的作用,底床阻力不再为一常数,应同时考虑与沙波坡面平行和垂直两个方向流速的综合影响。

研究者们已认同沙波床面是水流与底床交互作用的产物。若认为沙波形态变化所引起的水流强度变化,与水流动力改变导致沙波尺度及运动特征的变化过程具有相似或相近的规律,则可由动力学分析角度出发,建立沙波运动方程,探究沙波形态与水流强度的内在联系。詹义正等[43,44]基于上述力学分析法从水流动量变化的角度出发,建立了一定概化模式下沙波的运动方程,并给出了沙波尺度与水流强度之间的变化关系,为研究沙波与水流的相互作用机制提供了一种有效方法。而在处理沙波形体阻力项时,只是简单采用波谷断面的动能与形体阻力系数的乘积来表达,并未体现形状阻力的产生和作用的本质。由于沙波背流面存在复杂水流结构和不同程度的泥沙淤积,应从形状阻力的定义出发,采用动力学分析方法对沙波运动理论进行研究。此处基于詹义正提出的沙波运动控制方程,引入流体力学中经典的绕柱流问题的研究思路,从流速梯度和压强分布特性的角度出发,建立沙波形态阻力的物理图形,以合理描述沙波形态阻力对沙波运动的影响。

天然情况下,无论是沙波形态还是沙波表面附近的流场分布,均体现出一定的三维特征,这给沙波运动的理论研究带来了较大困难。考虑到数学处理方便并使问题的研究不致过于复杂,此处针对纵剖面二维沙波的动量变化进行分析,不考虑沙波沿宽度方向的变化。设想对于均匀流作用下的平整床面,当床沙处于临界起动状态,其断面垂线平均流速与床沙的起动流速相等,与之相对应的动力条件即为沙波波谷处的停滞点所处断面的泥沙始终处于临界起动状态。水流作用下沙波迎流面上的泥沙不断向下游输移,当泥沙以推移质形式运动并全部在背流面落淤,说明沙波处于波高增大的发展阶段;当水流强度较大时,大部分泥沙转为悬移质形式随水流运动,背流面落淤的泥沙逐渐减少导致沙波尺度减小,沙波处于消亡状态。可以看出,背流面上的水沙运动反映了水流对沙波的塑造作用,背流面上泥沙的淤积程度是决定沙波形态的关键。因此,选择沙波背流面进行动力分析,给出沙波运动的控制方程。这里不妨先假定水流反作用于河床所发生动量变化,与河床约束水流所发生的动量具有相近或相似的规律。

在上述概化假定的基础上,可以给出沙波运动的物理模式,如图 3-1 所示。图中实线和虚线的沙波纵剖面分别为 t_1 和 t_2 时刻的沙波形态,断面 B_1 和 B_2 分别为 t_1 和 t_2 时刻沙波波峰所在断面,断面 C_1 和 C_2 分别为对应时刻沙波波谷所在断面。

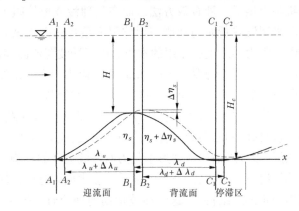

图 3-1　概化条件下沙波运动的物理模式

3.1　沙波运动微能量方程

假设各断面间流速系数相差不大,可取为 1,t_1 和 t_2 时刻断面 B_1—C_1 的能量方程可写为

$$\eta_s + \frac{U^2}{2g} = \frac{U_c^2}{2g} + h_f \qquad (3\text{-}1)$$

式中:η_s 为沙波波高;U 和 U_c 分别为波峰和波谷断面平均流速;h_f 为该时刻内水体沿程能量损失。

平坦底床恒定流作用下沿程阻力损失一般采用沿程阻力系数和研究断面运动要素来表达[68]。当床面出现沙波形态时,这种处理方式将会引起较大的误差。考虑到摩擦引起的能量损耗主要与接触面积及接触面粗糙度、水流局部动能相关,形体压强差引起的能量损耗则主要与沙波的高度和水流紊动强度相关,则一个完整沙波引起的能量损失可表达为

$$gh_f = \tau_s/\rho(\sqrt{\lambda_u^2 + \eta_s^2} + \sqrt{\lambda_d^2 + \eta_s^2}) + \xi_c g\eta_s \qquad (3\text{-}2)$$

式中:τ_s 为沙波上摩擦阻力(表面阻力),主要由沙波表面泥沙摩擦引起;λ_u、λ_d 分别为沙波迎流面和背流面水平方向投影长度,沙波总长 $\lambda = \lambda_u + \lambda_d$;$\xi_c$ 为沙波形态系数,表征形态压强差引起的能量损耗。

根据乐培九等[65]资料分析,ξ_c 与水流雷诺数、沙粒雷诺数及沙波波高与水深的比有关。此处仅考虑背流面上的能量耗散,为便于数学处理,将平方和开方项写为变量与修正系数的乘积,沙波背流面上的能量耗散为

$$gh_f = C_{D,s}\xi_m U^2(\lambda_d + \eta_s) + \xi_c g\eta_s \qquad (3\text{-}3)$$

式中:$\xi_m = \sqrt{\lambda_d^2 + \eta_s^2}/(\lambda_d + \eta_s)$。

式(3-2)可写为

$$g\eta_s + \frac{U^2}{2} = \frac{U_c^2}{2} + C_{D,s}\xi_m U^2(\lambda_d + \eta_s) + \xi_c g\eta_s \qquad (3\text{-}4)$$

与断面 B_1—C_1 类似,断面 B_2—C_2 的能量方程可写为

$$g(\eta_s + \Delta\eta_s) + \frac{(U + \Delta U)^2}{2} = \frac{U_c^2}{2} + C_D\xi_m(U + \Delta U)^2$$

$$(\lambda_d + \Delta\lambda_d + \eta_s + \Delta\eta_s) + \xi_c g(\eta_s + \Delta\eta_s) \qquad (3\text{-}5)$$

式中:$\Delta\eta_s$、ΔU 及 $\Delta\lambda_d$ 为 $\Delta t = t_2 - t_1$ 时间段内沙波波高、水流流速及沙波波长的增量。

令 $u_+ = U/U_c$,$x_+ = \lambda_d/H_c$,$y_+ = \eta_s/H_c$,$\Delta u_+ = \Delta U/U_c$,$\Delta x_+ = \Delta\lambda_d/H_c$,$\Delta y_+ = \Delta\eta_s/H_c$,$Fr = U_c/\sqrt{gH_c}$,$H$、$H_c$ 分别为波峰和波谷断面水深。式(3-4)与式(3-5)对应相减,则有

$$\frac{\Delta y_+}{H_c Fr^2} + \frac{u_+ \Delta u_+}{H_c} = C_{D,s}\xi_m u_+^2(\Delta x_+ + \Delta y_+) + 2C_{D,s}\xi_m u_+ \Delta u_+$$

$$(x_+ + y_+) + \xi_c \frac{\Delta y_+}{H_c Fr^2} \tag{3-6}$$

令微小时段 $\Delta t \to 0$，则 $\Delta x_+ \to 0$ 和 $\Delta y_+ \to 0$，对式（3-6）的两端取极限，可得到微能量方程如下

$$\frac{1}{H_c Fr^2} \frac{\partial y_+}{\partial u_+} + \frac{u_+}{H_c} = C_{D,s} \xi_m u_+^2 \left(\frac{\partial x_+}{\partial u_+} + \frac{\partial y_+}{\partial u_+} \right) + 2C_{D,s} \xi_m u_+$$

$$(x_+ + y_+) + \frac{\xi_c}{H_c Fr^2} \frac{\partial y_+}{\partial u_+} \tag{3-7}$$

由式（3-7）可得沙波微能量方程为

$$\frac{\partial y_+}{\partial u_+} = \frac{P}{2} Fr^2 u_+^2 \frac{\partial x_+}{\partial u_+} + PFr^2 x_+ u_+ - Fr^2 u_+ \tag{3-8}$$

式中：$P = C_{D,s} \xi_m H_c / (2 - 2\xi_c)$。

3.2   沙波运动微动量方程

沙波背流面的受力分析如图 3-2 所示，对于 t_1 时刻，作用在沙波上的力有水流压力、水体质量力和水流阻力。现针对相关各力进行讨论。

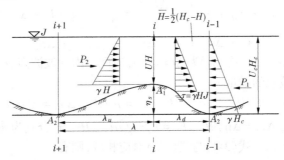

图 3-2   任意时刻沙波受力分析示意图

3.2.1　压力差

根据静水压强的表达式,水流压力差可表达为

$$\begin{cases} P = \int_0^H \rho g z \mathrm{d}z = \dfrac{1}{2}\rho g H^2 \\[3mm] \Delta P = \dfrac{1}{2}\rho g (H^2 - H_c^2) \end{cases} \tag{3-9}$$

式中:ΔP 为沙波迎流面和背流面压力差。

3.2.2　水体质量力

恒定流作用下可认为能坡与水面坡降相等,且水面坡降很小,则单宽水体总质量力可表示为

$$F_g = MgJ = \frac{1}{2}(H + H_c)\lambda_d \rho g J = \frac{\rho g H J}{2}\lambda_d \left(1 + \frac{H_c}{H}\right) \tag{3-10}$$

式中:J 为水面坡降;F_g 为水体质量力;M 为沙波质量。

3.2.3　水流阻力

沙波受到的水流阻力分为水流与沙波表面直接接触产生的表面摩擦阻力和沙波形态产生的形状阻力。摩擦阻力的定义可写为

$$F_f = \int_A \tau_0 \sin\theta \mathrm{d}A \tag{3-11}$$

式中:F_f 为沙波受到的摩擦阻力;τ_0 为沙波波面上微元面积上的摩擦应力;A 为沙波研究区域的总表面积;θ 为沙波波面上微元面积 $\mathrm{d}A$ 的法线与主流区水流流向的夹角。

为了简化复杂沙波体的摩擦阻力求解,可将沙波迎流面或背流面概化为角度为 α 或 β 的斜坡,则通过面积分向线积分的转化,沙波条件下单位宽度沙波迎流面上的摩擦阻力可表示为

$$F_f = \int_A \tau_0 \sin\theta \mathrm{d}A = \int_0^1 \int_{\lambda_{i-1}}^{\lambda_i} \tau_{0,\alpha} \sin\alpha \mathrm{d}x \mathrm{d}A' \tag{3-12}$$

式中：$\tau_{0,\alpha}$ 为迎流面的摩擦切应力,在不少学者[40,41]的研究过程中,常采用明渠均匀流中切应力计算公式进行表达。在 α 或 β 较小时,直接采用明渠均匀流的计算公式并不会引起较大误差。严格意义上讲,在研究河宽固定的单宽沙波迎流面和背流面的摩擦阻力时,迎流面水流受断面收缩(沙波波峰)和断面扩张(沙波波谷)影响,水流分别呈现加速状态和减速状态,这种差异在沙纹(sand ripples)和微小沙波(sand waves)上并不显著,但在中大型沙波(sand dunes)条件下则较为明显。

假定沙波背流面某一微小单元上,其上水流呈现减速状态,由于假定单向流,则暂不考虑整个水流能坡动态变化过程,根据水流加、减速研究[61]结果可知,水流减速过程产生的附加比降和对应的附加切应力将引起底部综合摩擦切应力减小,这种综合摩擦切应力减小的最直接表现为非均匀沙组成的底床在水流长期作用下,迎流面泥沙级配粗化程度低于背流面。采用 Soulsby 提出的摩擦切应力的二次摩阻定律定义式,有

$$\tau_0 = \rho C_{D,sand}\bar{u}^2 = \rho C_{D,sand}\left[u_{sur}\left(\frac{z_u}{H}\right)^m\right]^2 \qquad (3\text{-}13)$$

式中：$C_{D,sand}$ 为泥沙颗粒阻力对应的摩擦系数,可采用 Mead[81]基于 Nikuradse 粗糙高度 k_s 提出的摩擦系数公式进行计算,其表达式为

$$C_D = \left[\log_{10}(14.8H/k_s)\right]^{-2}/32 \qquad (3\text{-}14)$$

式中：u_{sur} 为水流表层流速；z_u 为垂线平均流速在加、减速过程流速垂线分布公式中对应的水深,考虑到沙波尺度较水深来讲一般意义上为小量,则采用 0.6 倍水深表示,则背流面摩擦切应力可表示为

$$\tau_{0,\beta} = \rho C_{D,sand}\left[u_{sur}(0.6)^m\left(1 - \sqrt{\frac{h_s}{J\lambda_T}}\right)\right]^2 \qquad (3\text{-}15)$$

则沙波条件下单位宽度沙波背流面上的摩擦阻力可表示为

$$F_f = \int_0^1 \int_{\lambda_{i-1}}^{\lambda_i} \tau_{0,\beta} \sin\beta \mathrm{d}x \mathrm{d}B = \frac{\rho C_{D,sand} \eta_s \lambda_d}{\sqrt{\eta_s^2 + \lambda_d^2}} \left[u_{sur}(0.6)^m \left(1 - \sqrt{\frac{h_s}{J\lambda_d}} \right) \right]^2$$

(3-16)

同理,迎流面摩擦切应力可表示为

$$\tau_{0,\alpha} = \rho C_{D,sand} \left[u_{sur}(0.6)^m \left(1 + \sqrt{\frac{h_s}{J\lambda_P}} \right) \right]^2 \qquad (3-17)$$

则沙波条件下单位宽度沙波迎流面上的摩擦阻力可表示为

$$F_f = \int_0^1 \int_{\lambda_{i-1}}^{\lambda_i} \tau_{0,\alpha} \sin\alpha \mathrm{d}x \mathrm{d}B = \frac{\rho C_{D,sand} \eta_s \lambda_u}{\sqrt{\eta_s^2 + \lambda_u^2}} \left[u_{sur}(0.6)^m \left(1 + \sqrt{\frac{\eta_s}{J\lambda_u}} \right) \right]^2$$

(3-18)

　　沙波形状阻力主要是指沙波的压强阻力,而压强阻力主要取决于沙波体的形状,即其不仅与水流流速相关,而且与流速方向垂直的迎流投影面积直接相关,在本研究假定条件下,则是与沙波高度直接相关,压强阻力的定义式可表示为

$$F_p = -\int_A p\cos\theta \mathrm{d}A \qquad (3-19)$$

式中: p 为作用于沙波微元上的压强。

　　根据流体力学中的经典圆柱体绕柱流压强阻力的研究结果可知,其绕流过程如图 3-3 所示。圆柱表面压强在柱面速度达到最大值时,相对压强最小,当水流流动无法适应边界条件发生突变后,分离发生。分离区内,出现平轴环流,当圆柱壁面粗糙度不均匀时,会伴随出现尺度不一的斜轴环流,整体上来讲,圆柱表面的压强基本保持常数,如图 3-4 所示。

　　考虑到圆柱半截面与一般沙波剖面形态存在一定差异,特别是圆柱存在流速为零的驻点,而与流场流线存在较好平行关系的沙波剖面一般条件下不存在驻点,同时沙波背流面由于横向平轴环流的影响以及泥沙长期运动的结果,背流面沙波大多呈现微凹

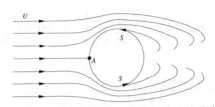

图 3-3　流体力学中的经典圆柱体绕柱流流线分布示意

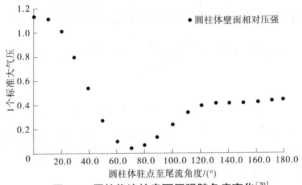

图 3-4　圆柱绕流柱表面压强随角度变化[70]

形态,而圆柱则属于微凸形态。另外,由于近底含沙量较主流区域更高,其对水流紊动的影响更加复杂,但一般条件下,其分离区的压强将小于清水条件下的圆柱绕流。综合考虑一般沙波剖面与圆柱体的差异,同时为了简化沙波形态阻力的推导过程,选择采用以下公式表达沙波迎流面至背流面的沙波波面压强,即

$$
\begin{cases}
p = \rho g H + p_{\mathrm{mod}} \\
p_{\mathrm{mod}} = p_{\mathrm{mod},\infty} - \dfrac{\theta_c}{b} exp\left(-\dfrac{\theta_c^2}{2b}\right) - c\sqrt{\theta_c}
\end{cases}
\tag{3-20}
$$

式中:θ_c 为圆柱体驻点至尾流的角度。

式(3-20)拟合曲线与圆柱绕柱流测量值对比见图 3-5。

然而该压强表达式仍旧比较复杂,特别是涉及的参数较多,且不易确定,考虑到沙波研究过程已基本概化为非对称三角形形态,

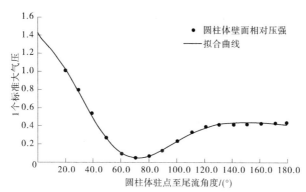

图 3-5　式(3-20)拟合曲线与圆柱绕柱流测量值对比

则由于迎流面流速始终未达到最大值,其沙波波面压强可视作线性函数,背流面情况较为复杂,可统一概化为已达到分离区的压强常数,则有

$$\begin{cases} p = \rho g H + p_{\text{mod}} \\ p_{\text{mod}} = \begin{cases} p_p + x\tan\alpha & \text{迎流面} \\ p_T & \text{背流面} \end{cases} \end{cases} \tag{3-21}$$

则沙波形状阻力可概化表示为

$$\begin{aligned} F_p &= -\int_A p\cos\theta \mathrm{d}A \\ &= \int_0^1\int_{\lambda_{i-1}}^{\lambda_{i0}} (\rho g H + p_T + x\tan\alpha)\sin\alpha \mathrm{d}x\mathrm{d}B - \int_0^1\int_{\lambda_{i0}}^{\lambda_i} (\rho g H + p_T)\sin\beta \mathrm{d}x\mathrm{d}B \\ &= \left[\frac{(H + H_c)\lambda_u}{2} + \frac{\lambda_u\eta_s}{2} + p_p\lambda_u \right] \frac{\eta_s}{\sqrt{\eta_s^2 + \lambda_u^2}} - \\ &\quad \frac{\eta_s}{\sqrt{\eta_s^2 + \lambda_d^2}} \left[\frac{(H + H_c)\lambda_d}{2} + p_T\lambda_d \right] \end{aligned} \tag{3-22}$$

综上所述,对于任意时刻,$i-1 \sim i$ 断面间的沙波动量方程可表示为

$$\sum F = \Delta P + F_g - F_f - F_p = \rho H_c U_c U_c - \rho H U U = \rho H_c U_c (U_c - U)$$

$$(3\text{-}23)$$

将式(3-9)、式(3-10)、式(3-16)、式(3-18)及式(3-22)代入式(3-23),得到

$$\frac{1}{2}\rho g(H^2 - H_c^2) + \frac{\rho g H J}{2}\lambda_d\left(1 + \frac{H_c}{H}\right) - \frac{\rho C_{D,sand}\eta_s\lambda_d}{\sqrt{\eta_s^2 + \lambda_u^2}}\left[u_{sur}\left(1 - \sqrt{\frac{\eta_s}{J\lambda_d}}\right)\right]^2 -$$

$$\left[\frac{(H + H_c)\lambda_u}{2} + \frac{\lambda_u\eta_s}{2} + p_p\lambda_u\right]\frac{h_s}{\sqrt{h_s^2 + \lambda_p^2}} + \frac{\eta_s}{\sqrt{\eta_s^2 + \lambda_d^2}}$$

$$\left[\frac{(H + H_c)\lambda_d}{2} + p_T\lambda_d\right] = \rho H_T U_T (U_T - U) \qquad (3\text{-}24)$$

令 $u_+ = U/U_c$, $x_+ = \lambda_d/H_c$, $y_+ = \eta_s/H_c$, $\Delta u_+ = \Delta U/U_c$, $\Delta x_+ = \Delta\lambda_d/H_c$, $\Delta y_+ = \Delta\eta_s/H_c$, 弗劳德数 $Fr = U_c/\sqrt{gH_c}$, 对式(3-24)进行整理后,有

$$\frac{1}{2}\rho g H_c^2\left(\frac{1}{u_+^2} - 1\right) + \frac{\rho g H_c^2 J}{2}\left(1 + \frac{1}{u_+}\right)x_+ - \frac{\rho C_{D,sand}u_+^2 x_+ y_+ gH_c^2 Fr^2}{\sqrt{x_+^2 + y_+^2}}$$

$$\left(1 - \sqrt{\frac{y_+}{Jx_+}}\right)^2 - H_c^2\left(\frac{x_+ y_+}{2} + \Theta x_+\right)\frac{y_+}{\sqrt{x_+^2 + y_+^2}} = \rho g H_c^2 Fr^2(1 - u_+)$$

$$(3\text{-}25)$$

令 $\sqrt{\eta_s^2 + \lambda_d^2} = \xi\lambda_d$, 则式(3-25)可写为

$$\frac{1}{2}\rho g H_c^2\left(\frac{1}{u_+^2} - 1\right) + \frac{\rho g H_c^2 J}{2}\left(1 + \frac{1}{u_+}\right)x - \frac{\rho C_{D,sand}u_+^2 y_+ gH_c^2 Fr^2}{\xi_m}$$

$$\left(1 - \sqrt{\frac{\xi_m^2 - 1}{J}}\right)^2 - H_c^2\left(\frac{y_+}{2} + \Pi\right)\frac{y_+}{\xi_m} = \rho g H_c^2 Fr^2(1 - u_+)$$

$$(3\text{-}26)$$

整理后得到 t_1 时刻的动量方程

$$\frac{1}{2}\rho g H_c^2(1-u_+^2) + \frac{\rho g H_c^2 J}{2}(u_+^2+u_+)x_+ - \frac{\rho C_{D,sand}u_+^4\, y_+\, g H_c^2 Fr^2}{\xi_m}$$

$$\left(1-\sqrt{\frac{\xi_m^2-1}{J}}\right)^2 - u_+^2\, H_c^2\left(\frac{y_+}{2}+\Pi\right)\frac{y_+}{\xi_m} = \rho g H_c^2 Fr^2(1-u_+)u_+^2$$

$$(3\text{-}27)$$

t_2 时刻的动量方程

$$\frac{1}{2}\rho g H_c^2\big[1-(u_++\Delta u_+)^2\big] + \frac{\rho g H_c^2 J}{2}\big[(u_++\Delta u_+)^2+(u_++\Delta u_+)\big]$$

$$(x_++\Delta x_+) - \frac{\rho C_{D,sand}(u_++\Delta u_+)^4(y_++\Delta y_+)g H_c^2 Fr^2}{\xi_m}\left(1-\sqrt{\frac{\xi_m^2-1}{J}}\right)^2 -$$

$$(u_++\Delta u_+)^2 H_c^2\left(\frac{y_++\Delta y_+}{2}+\Pi\right)\frac{y_++\Delta y_+}{\xi_m}$$

$$= \rho g H_c^2 Fr^2\big[1-(u_++\Delta u_+)\big](u_++\Delta u_+)^2 \qquad (3\text{-}28)$$

将上述两式相减,忽略高阶小量,方程两边同除以 Δu_+ ,整理后得

$$\rho g H_c^2 u_+ + \frac{\rho g H_c^2 J}{2}\left[(2u_++1)x_+ + \frac{\Delta x_+}{\Delta u_+}(u_+^2+u_+)\right] - \frac{\rho C_{D,sand}g H_c^2 Fr^2}{\xi_m}$$

$$\left(4u_+^3\, y_+ - u_+^4\frac{\Delta y_+}{\Delta u_+}\right)\left(1-\sqrt{\frac{\xi^2-1}{J}}\right)^2 - \frac{H_c^2}{\xi_m}\left[2u_+\left(\Pi y_+ + \frac{y_+^2}{2}\right) + \right.$$

$$\left. u_+^2\left(\Pi+y_+\right)\frac{\Delta y_+}{\Delta u_+}\right] = \rho g H_c^2 Fr^2(2u_+-3u_+^2) \qquad (3\text{-}29)$$

令微小时段趋于 0,则微动量方程可表示为

$$\rho g H_c^2 u + \frac{\rho g H_c^2 J}{2}\left[(2u_++1)x + \frac{\partial x_+}{\partial u_+}(u_+^2+u_+)\right] - \frac{\rho C_{D,sand}g H_c^2 Fr^2}{\xi_m}$$

$$\left(4u_+^3\, y_+ + u_+^4\frac{\partial y_+}{\partial u_+}\right)\left(1-\sqrt{\frac{\xi^2-1}{J}}\right)^2 - \frac{H_c^2}{\xi_m}\left[2u_+\left(\Pi y_+ + \frac{y_+^2}{2}\right) + \right.$$

$$u^2(\Pi + y)\left.\frac{\partial y}{\partial u}\right] = \rho g H_T^2 Fr^2(2u - 3u^2) \qquad (3\text{-}30)$$

进一步整理,可表示为

$$\rho g u_+ + \frac{\rho g J}{2}\left[(2u_+ + 1)x_+ + \frac{\partial x_+}{\partial u_+}(u_+^2 + u_+)\right] - \frac{\rho C_{D,sand} g Fr^2}{\xi_m}$$

$$\left(4u_+^3 y_+ + u_+^4 \frac{\partial y_+}{\partial u_+}\right)\left(1 - \sqrt{\frac{\xi_m^2 - 1}{J}}\right)^2 - \frac{\Pi \rho g}{\xi_m}$$

$$\left(2u_+ y_+ + u_+^2 \frac{\partial y_+}{\partial u_+}\right) = \rho g Fr^2(2u_+ - 3u_+^2) \qquad (3\text{-}31)$$

3.3　对称型沙波尺度及阻力的定量表达

3.3.1　对称型沙波尺度的确定

处于稳定状态下的沙波,将满足所建立的微能量方程和微动量方程,将两个方程联立,则可直接得到对称型沙波的背流面长度和沙波高度,同时这种背流面推导过程同样适用于非对称沙波的背流面。

为了便于进一步推导,令 $M = \dfrac{\rho C_{D,sand} g Fr^2}{\xi_m}\left(1 - \sqrt{\dfrac{\xi^2 - 1}{J}}\right)^2$,则

$$\frac{\rho g J}{2}\frac{\partial[(u_+^2 + u_+)x_+]}{\partial u_+} - M\left[\frac{\partial(yu_+^4)}{\partial u_+}\right] - \frac{\Pi \rho g}{2\xi_m}\frac{\partial(u_+^2 y_+)}{\partial u_+} =$$

$$\rho g Fr^2(2u_+ - 3u_+^2) - \rho g u_+ \qquad (3\text{-}32)$$

对应的能量方程可表示为

$$\frac{1 - \xi_c}{H_c Fr^2}\frac{\partial y_+}{\partial u_+} + \frac{u_+}{H_c} = C_{D,s}\xi_m\frac{\partial[u_+^2(x_+ + y_+)]}{\partial u_+} \qquad (3\text{-}33)$$

对式(3-32)和式(3-33)两端分别关于变量 u_+ 进行积分,则

$$\frac{\rho g J(u^2 + u) x}{2} - Myu^4 - \frac{\Pi \rho g u^2 y}{2\xi_m} = \rho g Fr^2(u^2 - u^3) - \frac{\rho g u^2}{2} + C_1$$

$$(3-34)$$

和

$$\frac{1 - \xi_c}{H_c Fr^2} y + \frac{u^2}{2H_c} = C_D \xi_m u^2(x + y) + C_2 \qquad (3-35)$$

式(3-34)和式(3-35)中, C_1 和 C_2 为积分常数。根据无沙波边界条件, 有

$$x = y = 0; \quad (当\ u_+ = 1\ 时) \qquad (3-36)$$

联立式(3-34)、式(3-35)和式(3-36), 则可以确定积分常数的表达式为

$$C_1 = \rho g / 2$$
$$C_2 = 1 / 2H_c$$

$$(3-37)$$

则式(3-34)和式(3-35)可进一步表示为

$$\frac{\rho g J(u_+^2 + u_+) x_+}{2} - My_+ u_+^4 - \frac{\Pi \rho g u_+^2 y_+}{2\xi_m}$$

$$= \rho g Fr^2(u_+^2 - u_+^3) - \frac{\rho g u_+^2}{2} + \frac{\rho g}{2} \qquad (3-38)$$

$$C_{D,s} \xi_m u_+^2 x_+ + \left(C_{D,s} \xi_m u_+^2 - \frac{1 - \xi_c}{H_c Fr^2} \right) y = \frac{u_+^2 - 1}{2H_c} \qquad (3-39)$$

将式(3-39)代入式(3-38), 有

$$\frac{\rho g J(u_+^2 + u_+)}{2} \left[\frac{u_+^2 - 1}{2H_c C_{D,s} \xi_m u_+^2} - \left(1 + \frac{\xi_c - 1}{H_c Fr^2 C_{D,s} \xi_m u_+^2} \right) y_+ \right] - My_+ u_+^4 -$$

$$\frac{u_+^2 \rho g \Pi y_+}{2\xi_m} = \rho g Fr^2(u_+^2 - u_+^3) - \frac{\rho g u_+^2}{2} + \frac{\rho g}{2} \qquad (3-40)$$

整理后, 有

$$y_+ = \frac{\eta_s}{H_c} = \frac{\dfrac{\rho g J(u_+^2 + u_+)}{2} \dfrac{u_+^2 - 1}{2H_c C_{D,s}\xi_m u_+^2} - \rho g Fr^2(u_+^2 - u_+^3) + \dfrac{\rho g u_+^2}{2} - \dfrac{\rho g}{2}}{\dfrac{\rho g J(u_+^2 + u_+)}{2}\left(1 + \dfrac{\xi_c - 1}{H_c Fr^2 C_{D,s}\xi_m u_+^2}\right) + M u_+^4 + \dfrac{u_+^2 \rho g \Pi}{2\xi_m}}$$

(3-41)

其中，$M = \dfrac{\rho C_{D,sand} g Fr^2}{\xi_m}\left(1 - \sqrt{\dfrac{\xi_m^2 - 1}{J}}\right)^2$。

同理，有

$$x_+ = \frac{\lambda_d}{H_c} = \frac{u_+^2 - 1}{2H_c C_{D,s}\xi_m u_+^2} -$$

$$\frac{\dfrac{\rho g J(u_+^2 + u_+)}{2} \dfrac{u_+^2 - 1}{2H_c C_{D,s}\xi_m u_+^2} - \rho g Fr^2(u_+^2 - u_+^3) + \dfrac{\rho g u_+^2}{2} - \dfrac{\rho g}{2}}{\dfrac{\rho g J(u_+^2 + u_+)}{2} + \left(M u_+^4 + \dfrac{u_+^2 \rho g \Pi}{2\xi_m}\right)\bigg/\left(1 + \dfrac{\xi_c - 1}{H_c Fr^2 C_{D,s}\xi_m u_+^2}\right)}$$

(3-42)

则对称型沙波的波长可表示为

$$2\lambda_d = \frac{u^2 - 1}{2C_D\xi_m u^2} -$$

$$\frac{\dfrac{\rho g J(u^2 + u)}{2} \dfrac{u^2 - 1}{C_D\xi_m u^2} - 2H_\eta \rho g Fr^2(u^2 - u^3) + \rho g H_T u^2 - \rho H_T g}{\dfrac{\rho g J(u^2 + u)}{2} + \left(M u^4 + \dfrac{u^2 \rho g \Pi}{2\xi_m}\right)\bigg/\left(1 + \dfrac{\xi_c - 1}{H_T Fr^2 C_D\xi_m u^2}\right)}$$

(3-43)

3.3.2　对称型沙波阻力的定量表达

对称型沙波一般出现在往复型水流及振荡型水流动力条件下，

其波面经过长时间水动力过程的响应,沙波地形对水动力条件的影响主要是表征动能的流速减小。考虑到往复型水流及振荡型水流条件下阻力特征,采用应用较广的 Soulsby 水流阻力系数形式,进行无流速分离点条件下的对称型沙波阻力的表达,其阻力分布可认为在数学模型中以网格为单元进行均分,其表达式可表示为

$$C_{D,\text{total}} = \frac{1}{7}\left(\frac{h_s}{H_T}\right)^{\frac{1}{7}}$$

$$= \frac{1}{7}\left[\frac{\dfrac{\rho g J(u^2 + u)}{2}\dfrac{u^2 - 1}{2H_T C_D \xi_m u^2} - \rho g Fr^2(u^2 - u^3) + \dfrac{\rho g u^2}{2} - \dfrac{\rho g}{2}}{\dfrac{\rho g J(u^2 + u)}{2}\left(1 + \dfrac{\xi_c - 1}{H_T Fr^2 C_D \xi_m u^2}\right) + M u^4 + \dfrac{u^2 \rho g \Pi}{2\xi}}\right]^{\frac{1}{7}}$$

$$(3-44)$$

式中: $C_{D,\text{total}}$ 为综合阻力系数。

对存在流速分离点的对称型沙波阻力,则与非对称沙波的阻力特征是一致的,这种条件下阻力分布特点将在第 4 章中分析讨论。

第4章　沙质河床非对称沙波几何形态及其阻力分布

沙质河床按照河床组成泥沙粒径的大小可分为粗颗粒泥沙和细颗粒泥沙,由于沙质河床中泥沙颗粒的可动性高于其他类型河床,其形态特征的调整与水动力因素的改变具有更显著的响应过程。沙质河床非对称沙波多出现在内河径流和弱潮型河口区域,为了简化动力过程复杂性对沙波阻力的研究工作,这里主要针对单向流条件下的非对称沙波几何形态及其引发的阻力进行研究。

单向流作用下沙波剖面一般呈非对称形态,迎流面坡度比较平缓,背流面坡度比较陡峻。在沙波波谷的最低点,坡度为零,自此往下游方向坡度逐渐增大,在波谷至波峰间某点坡度达到最大值。过此以后,坡度又逐渐减小,至峰顶处坡度趋于零。背流一面的坡度,一般认为与泥沙的水下休止坡度相等而略陡。沙波表面附近流态与沙波纵剖面形态紧密相关。

4.1　沙质河床泥沙颗粒稳定性分析

第3章以沙波尺度为研究对象,并围绕沙波背流面处能量和动量守恒关系开展了相应物理量的理论分析研究。组成沙波的泥沙颗粒,其水下稳定条件将是沙波形体的实质,考虑到沙波背流面平、斜轴涡较为复杂,不易围绕整个沙波波面或处于落淤或处于起动的泥沙颗粒开展明确的受力分析,此处围绕沙波波面处受水动力影响较为稳定的区域开展泥沙颗粒受力分析,以在泥沙颗粒尺寸条件下进行沙波形体对水动力的响应研究。

考虑剖面非对称形态沙波,迎流面沙波与流线相切,背流面与流线或出现分离,或近乎与流线相切。背流面与流线相切时,其上压强增大,除存在部分泥沙颗粒滚动,沙波形态并未引起较大的总阻力变化。而出现分离状态的沙波背流面,由于平、斜轴涡的出现,与背流面沙波相接触的水流流向与主流区相反,即背流面沙波上泥沙的上举力减小。如图 4-1 所示,采用斜坡滑动起动模型进行泥沙颗粒起动临近动平衡状态分析。

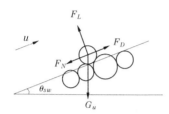

图 4-1　沙波迎流面处泥沙颗粒在起动临界条件下受力分析

4.1.1　有效重力

泥沙颗粒在水下的有效重力为

$$G_u = \frac{\pi}{6} g (\rho_s - \rho) D^3 \tag{4-1}$$

式中:D 为泥沙颗粒的粒径,此时将泥沙颗粒概化为球形颗粒,重力通过重心,竖直向下。

4.1.2　上举力

在水流绕过泥沙颗粒时,泥沙颗粒上下层流速不对称、压强不一致引起的上升效应即为上举力,其方向一般与水流运动方向垂直,其可表示为

$$F_L = C_{L,SED} \frac{\pi}{4} D^2 \frac{\rho u_{s,sed}^2}{2} \tag{4-2}$$

式中：$C_{L,SED}$ 为上举力系数；$u_{s,sed}$ 为挟沙水流近底处流速。

4.1.3　拖曳力

拖曳力对水流来讲即为阻力，对泥沙颗粒而言则为推移其前进的拖拽力，可表示为

$$F_D = C_{D,SED} \frac{\pi}{4} D^2 \frac{\rho u_{s,sed}^2}{2} \qquad (4\text{-}3)$$

式中：$C_{D,SED}$ 为拖曳力系数。

4.1.4　颗粒黏结力

泥沙颗粒之间的电化学效应引起的黏结效应可表示为颗粒黏结力，而该黏结力没有固定的方向，其方向主要取决于泥沙颗粒的运动方向，即对抗运动趋势的方向，其可表示为

$$F_N = D N_\zeta \qquad (4\text{-}4)$$

式中：N_ζ 为黏结力系数，其相对于固定的泥沙颗粒群为常数，其量纲与重力加速度相同，这里取 $0.896\ 7 \times 10^{-5}$。

水下泥沙颗粒受到拖曳力、上举力、有效重力、颗粒黏结力、粒间离散力等联合作用，一般条件下，若主要考虑泥沙颗粒受到拖曳力、上举力、有效重力、颗粒黏结力等物理量时，同时考虑到泥沙颗粒位于迎面角为 θ_{sw} 的沙波迎流面上，则根据泥沙颗粒滑动起动所建立起的与沙波迎流面平行的泥沙颗粒受力平衡方程为

$$F_D + G_u \sin\theta_{sw} - F_N = f_{sed}(G_u \cos\theta_{sw} - F_L) \qquad (4\text{-}5)$$

式中：f_{sed} 为泥沙颗粒水下摩擦系数，$f_{sed} = \tan\varphi$，φ 为泥沙颗粒内摩擦角，早期部分学者认为泥沙颗粒水下休止角与内摩擦角在数值上是相等的。

根据定义，内摩擦角的物理意义为床面表层泥沙颗粒之间的摩擦关系，而水下休止角指的是泥沙颗粒群作为散粒体在水下形成不塌落堆积体的倾斜面角度。通过孟震和杨文俊[82]的水下休

止角试验可知,泥沙颗粒水下休止角与泥沙粒径存在关联,且其与泥沙颗粒的内摩擦角并非时刻相等的,其水下休止角试验的测量结果如表 4-1 所示。

表 4-1　不同中值粒径条件下泥沙颗粒水下休止角试验值[82]

组次	1#	2#	3#	4#	5#	6#
粒径/mm	0.9~1.0	1.0~1.25	1.25~1.43	1.43~1.6	1.6~2.0	2.0~2.5
角度/(°)	35.55	34.13	35.25	35.55	36.12	35.40
组次	7#	8#	9#	10#	11#	
粒径/mm	2.5~3.2	3.2~5.0	5.0~7.0	7.0~8.0	8.0~10.0	
角度/(°)	36.80	37.65	39.30	39.30	40.63	

将式(4-1)~式(4-3)和式(4-4)代入式(4-5)中,有

$$C_{D,SED}\frac{\pi}{4}D^2\frac{\rho u_{s,sed}^2}{2} + \frac{\pi}{6}g(\rho_s - \rho)D^3\sin\theta_{sw} - DN_\zeta$$

$$= \left[\frac{\pi}{6}g(\rho_s - \rho)D^3\cos\theta_{sw} - C_{L,SED}\frac{\pi}{4}D^2\frac{\rho u_{s,sed}^2}{2}\right]f_{sed} \quad (4\text{-}6)$$

当 $\theta_{sw} = 0$ 时,即水平底面条件下,可得到无沙波的水平地形条件下泥沙颗粒的内摩擦角计算表达式,即

$$\tan\varphi = \frac{C_{D,SED}\pi D^2\rho u_{s,sed}^2/8 - DN_\zeta}{\pi(\rho_s - \rho)gD^3/6 - C_{L,SED}\pi D^2\rho u_{s,sed}^2/8} \quad (4\text{-}7)$$

根据已开展的水下内摩擦角试验结果[72],当令 $u_{s,sed} = 7.49u_*$, $C_{D,SED} = 0.4$, $C_{L,SED} = 0.1$, $\frac{\rho u_*^2}{(\rho_s - \rho)gD} = 0.0469$ 时,有

$$u_{s,sed}^2 = \frac{\pi(\rho_s - \rho)gD^2\tan\varphi/6 + N_\zeta}{C_{D,SED}\pi D\rho/8 + \tan\varphi C_{L,SED}\pi D\rho/8}$$

$$= \frac{\pi(\rho_s - \rho)gD^2\tan\varphi/6 + N_\zeta}{0.4\pi D\rho/8 + 0.1\tan\varphi\pi D\rho/8} = 2.63\frac{(\rho_s - \rho)gD}{\rho} \quad (4\text{-}8)$$

则进一步有 $f_{sed} = \tan\varphi = 0.778$,可计算出该类型泥沙颗粒水下休止角约为 $44.52°$。

根据詹义正等[44]的分析,沙波迎流面泥沙颗粒的运动方式与沙波发育、发展、消亡关系没有背流面紧密。根据沙波背流面是否出现分离点可以分为流线型沙背和非流线型沙背,即流线型沙背不存在明显的负压情况,非流线型沙背存在明显的负压情况,流线型沙背和一般条件下的斜坡泥沙起动受力分析基本一致,可依旧采用式(4-6)表达;而非流线型沙背水平涡的影响沙背泥沙颗粒受到与主流流向相反的水流拖曳,流速较小,其上存在流速梯度较大边界层,另外由于负压的影响,有效重力变化较大,特别是背流面上部负压较大,有效重力较小的泥沙颗粒起动后未向下沿着背流面滚动,而是直接进入近底高速水流,向下游运动。非线性沙波背流面处泥沙颗粒受力平衡方程可表示为

$$C_{D,SED}\pi D^2 \frac{\rho u_{s,sed}^2}{8} - \frac{\pi}{6}g(\rho_s - \rho)D^3\sin\theta_{sw} - DN_\zeta$$

$$= \left[\frac{\pi}{6}g(\rho_s - \rho)D^3\cos\theta_{sw} - C_{L,SED}\pi D^2 \frac{\rho u_{s,sed}^2}{8} - F_{fan}\right]\tan\varphi$$

$$(4-9)$$

式中:F_{fan} 为沙波背流面处由于水流分离区引起的附加上举力。

对比分析式(4-6)和式(4-9)可知,拖曳力受横向涡影响发生力方向的改变,负压引起的有效重力显著降低,背流面坡度的增加并未使得有效重力沿斜坡方向的分力较坡度改变前显著增加,则会出现背流面坡度大于水下休止角的现象。实测沙波背流面不但坡度较大,而且其坡面由于负压分布不均而出现下凹型剖面。

在迎流面上处于表层泥沙颗粒其临界起动状态下的受力分析可采用式(4-9)表示,而泥沙颗粒的内摩擦角因为主要由泥沙颗粒级配和种类决定,故此处认为是与水沙动力条件不相关的系数,而处于迎流面处泥沙颗粒所在的沙波迎流角此时与泥沙颗粒水下休

止角相等,即一旦突破该角度将发生表层泥沙的起动,则式(4-9)可进一步表示为

$$f_{sed}\cos\theta_{sw} - \sin\theta_{sw} =$$

$$C_{D,SED}\frac{3}{4}\frac{\rho u_{s,sed}^2}{g(\rho_s - \rho)D} + C_{L,SED}\frac{3}{4}\frac{f_{sed}\rho u_{s,sed}^2}{g(\rho_s - \rho)D} - \frac{6N_\zeta}{\pi g(\rho_s - \rho)D^2}$$

$$(4-10)$$

则坡脚 θ_{sw} 为式(4-10)主要需要求解的物理量。

$$\begin{cases} \sin\theta_{sw} = \dfrac{2x_\theta}{1 + x_\theta^2} \\[2mm] \cos\theta_{sw} = \dfrac{1 - x_\theta^2}{1 + x_\theta^2} \\[2mm] x_\theta = \tan(\theta_{sw}/2) \end{cases} \qquad (4-11)$$

采用三角函数万能公式(4-11)对式(4-10)中正弦函数和余弦函数进行替换,则式(4-10)可进一步表示为

$$x_\theta^2 + \frac{2}{B_\theta + f_{sed}}x_\theta + \frac{B_\theta - f_{sed}}{B_\theta + f_{sed}} = 0$$

$$B_\theta = C_{D,SED}\frac{3}{4}\frac{\rho u_{s,sed}^2}{g(\rho_s - \rho)D} + C_{L,SED}\frac{3}{4}\frac{f_{sed}\rho u_{s,sed}^2}{g(\rho_s - \rho)D} - \frac{6N_\zeta}{\pi g(\rho_s - \rho)D^2}$$

$$(4-12)$$

根据一元二次方程求根公式,同时考虑到取值范围,有

$$x_\theta = \frac{\sqrt{f_{sed}^2 - B_\theta^2 + 1}}{B_\theta + f_{sed}} - \frac{1}{B_\theta + f_{sed}}$$

$$B_\theta = C_{D,SED}\frac{3}{4}\frac{\rho u_{s,sed}^2}{g(\rho_s - \rho)D} + C_{L,SED}\frac{3}{4}\frac{f_{sed}\rho u_{s,sed}^2}{g(\rho_s - \rho)D} - \frac{6N_\zeta}{\pi g(\rho_s - \rho)D^2}$$

$$(4-13)$$

则泥沙颗粒水下休止角的正切值可表示为

$$\tan\theta_{sw} = \frac{2x_\theta}{1 - x_\theta^2} = \frac{2(B_\theta + f_{sed})\left(\sqrt{f_{sed}^2 - B_\theta^2 + 1} - 1\right)}{(B_\theta + f_{sed})^2 - \left(\sqrt{f_{sed}^2 - B_\theta^2 + 1} - 1\right)^2}$$

$$B_\theta = C_{D,SED} \frac{3}{4} \frac{\rho u_{s,sed}^2}{g(\rho_s - \rho)D} + C_{L,SED} \frac{3}{4} \frac{f_{sed}\,\rho u_{s,sed}^2}{g(\rho_s - \rho)D} - \frac{6N_\zeta}{\pi g(\rho_s - \rho)D^2}$$

$$(4\text{-}14)$$

求解式(4-14)所表示的泥沙颗粒水下休止角涉及的系数,主要包括上举力系数 $C_{L,SED}$、拖曳力系数 $C_{D,SED}$、泥沙颗粒水下摩擦系数 f_{sed} 以及挟沙水流近底处流速 $u_{s,sed}$ 的表达式。$C_{L,SED}$ 和 $C_{D,SED}$ 的取值目前尚无较为统一的表达式,此两个系数属于多种微观因素的综合效应系数,需由试验资料进行确定,根据相关文献[72]的研究成果,其数值范围分别为 $C_{L,SED} \in (0, 0.18]$ 与 $C_{D,SED} \in (0, 0.7]$;泥沙颗粒水下摩擦系数 f_{sed} 可由式(4-7)并结合泥沙颗粒相应试验结果进行计算;挟沙水流近底处流速 $u_{s,sed}$ 位于沙波近表面附近,由于沙波上泥沙颗粒运动不易采用设备直接进行测量(主要问题是近底处的动态定深问题不易解决),但可以由近底临近床面的切应力进行间接表达,普遍意义上底部切应力可表示为

$$\tau_b = \rho u_*^2 = \rho C_D \bar{u}^2 \qquad (4\text{-}15)$$

在平底无沙波时,式(4-15)可表示为

$$\tau_{bc} = \rho u_{*c}^2 = \rho C_D \bar{u}_c^2 \qquad (4\text{-}16)$$

式中:下标" c "表示泥沙临界起动状态,若采用指数流速分布函数,有

$$\tau_{bc} = \rho u_{*c}^2 = \rho C_D \bar{u}_c^2 = \rho C_D \frac{D}{1+m} \bar{u}_{s,c}^2 \qquad (4\text{-}17)$$

同理,有

$$\tau_b = \rho C_D \bar{u}^2 = \rho C_D K_{ss} \bar{u}_s^2 \qquad (4\text{-}18)$$

式中:K_{ss} 为沙波斜坡状态下近底流速与垂线平均流速的比例,若沙波迎流面角度不太大,该值为常数,若斜坡角度较大,则 K_{ss} 为坡

脚和水深的函数,后文将进一步对斜坡流速垂线分布理论开展研究,其表达式可在第 4 章中找到。则近底流速可表示为

$$\bar{u}_s^2 = \frac{D\bar{u}_{s,c}^2}{(1+m)K_{ss}} \Big/ \frac{\tau_{bc}}{\tau_b} \tag{4-19}$$

4.2 沙质河床非对称沙波几何形态及其阻力分布

4.2.1 沙质河床非对称沙波几何形态

根据沙质河床非对称沙波迎流面处泥沙颗粒受力分析推导得到的迎流面坡角正切值表达式如下

$$\tan\theta_{sw} = \frac{2x_\theta}{1 - x_\theta^2} = \frac{2(B_\theta + f_{sed})(\sqrt{f_{sed}^2 - B_\theta^2 + 1} - 1)}{(B_\theta + f_{sed})^2 - (\sqrt{f_{sed}^2 - B_\theta^2 + 1} - 1)^2}$$

$$B_\theta = C_{D,SED} \frac{3}{4} \frac{\rho u_{s,sed}^2}{g(\rho_s - \rho)D} + C_{L,SED} \frac{3}{4} \frac{f_{sed}\rho u_{s,sed}^2}{g(\rho_s - \rho)D} - \frac{6N_\zeta}{\pi g(\rho_s - \rho)D^2} \tag{4-20}$$

联立式(4-20)、式(3-41)和式(3-42),则可得到沙质河床非对称沙波迎流面的长度为

$$h_s / \tan\theta_{sw} =$$

$$\frac{\dfrac{J(u^2 + u)}{2} \dfrac{u^2 - 1}{2C_D\xi_m u^2} - H_T Fr^2(u^2 - u^3) + \dfrac{H_T u^2}{2} - \dfrac{H_T}{2}}{\dfrac{J(u^2 + u)}{2}\left(1 + \dfrac{\xi_c - 1}{H_T Fr^2 C_D \xi_m u^2}\right) + \dfrac{M_s u^4}{\rho g} + \dfrac{u^2 \Pi}{2\xi}} \Big/$$

$$\frac{2(B_\theta + f_{sed})(\sqrt{f_{sed}^2 - B_\theta^2 + 1} - 1)}{(B_\theta + f_{sed})^2 - (\sqrt{f_{sed}^2 - B_\theta^2 + 1} - 1)^2} \tag{4-21}$$

沙质河床非对称沙波的波长可表示为

$$h_s/\tan\theta_{sw} + \lambda_T =$$

$$\left[\frac{\dfrac{J(u^2+u)}{2}\dfrac{u^2-1}{2C_D\xi_m u^2} - H_T Fr^2(u^2-u^3) + \dfrac{H_T u^2}{2} - \dfrac{H_T}{2}}{\dfrac{J(u^2+u)}{2}\left(1 + \dfrac{\xi_c-1}{H_T Fr^2 C_D\xi_m u^2}\right) + \dfrac{M_s u^4}{\rho g} + \dfrac{u^2\Pi}{2\xi}} \right/$$

$$\left. \frac{2(B_\theta+f_{sed})\left(\sqrt{f_{sed}^2 - B_\theta^2 + 1} - 1\right)}{(B_\theta+f_{sed})^2 - \left(\sqrt{f_{sed}^2 - B_\theta^2 + 1} - 1\right)^2} \right] + \frac{u^2-1}{2H_T C_D\xi_m u^2} -$$

$$\frac{\dfrac{\rho g J(u^2+u)}{2}\dfrac{u^2-1}{2H_T C_D\xi_m u^2} - \rho g Fr^2(u^2-u^3) + \dfrac{\rho g u^2}{2} - \dfrac{\rho g}{2}}{\dfrac{\rho g J(u^2+u)}{2} + \left(Mu^4 + \dfrac{u^2\rho g\Pi}{2\xi}\right)\left/\left(1 + \dfrac{\xi_c-1}{H_T Fr^2 C_D\xi_m u^2}\right)\right.}$$

$$(4\text{-}22)$$

4.2.2　沙波波高及波长验证与分析

收集了长江下游和 Missouri 河部分实测沙波资料、武汉大学水槽沙波试验资料、苏联水槽试验沙波数据[80]，以及本次水槽试验实测沙波数据，进行不同水力因子与沙波高度、沙波长度及波陡的分析。

考虑到所收集的资料主要为单向流条件下非对称沙波的资料，采用推导得到的理论公式，对稳态条件下的沙波尺度进行验证，为了更好地说明公式的计算效果，采用计算值与实测值对比的验证图形。在验证过程中，考虑到河流泥沙颗粒组成的差异，故对不同河流进行分组独立参数率定和计算，其验证结果如图 4-2～图 4-6 所示。

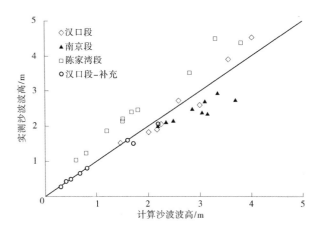

图 4-2 长江下游沙波高度实测值和计算值对比

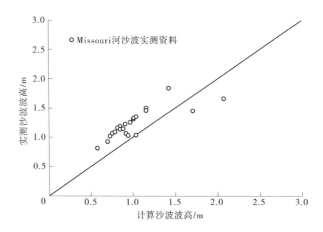

图 4-3 Missouri 河沙波高度实测值和计算值对比

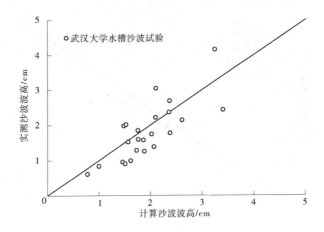

图 4-4　武汉大学水槽试验沙波高度试验值和计算值对比

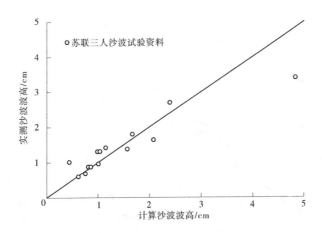

图 4-5　苏联三人沙波高度试验值和计算值对比

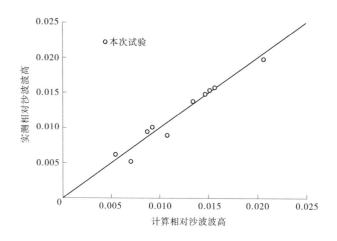

图 4-6　本次水槽试验实测沙波相对高度实测值和计算值对比

　　沙波波长的分析和计算较沙波波高更为复杂,特别是泥沙的非均匀特征在床面形态与水动力响应反馈机制中往往发挥着重要的作用。沙波波长的验证结果如图 4-7 ~ 图 4-10 所示。在室内试验研究中,由于大多选用较为均匀的泥沙,其迎流面和背流面波长垂向投影与泥沙颗粒的关系较易率定,而天然河流中,由于泥沙颗粒的级配较宽,影响波长的物理量其自身的计算也存在较显著的不确定性,因此天然水沙条件下,沙波波长的数值跨度较大,其变化规律受泥沙颗粒粗化过程的影响也更加显著,从计算值和实测值对比来看,实验室结果的计算精度明显高于天然水流中。

4.2.3　沙质河床非对称沙波阻力分析

　　沙质河床非对称沙波对水流动力的影响一部分是以阻力的形式体现的,另一部分是以由于沙波形态而诱发的近底水流紊动结构变化体现的,后者将在第 5 章中进行分析和讨论。由于沙质河床非对称沙波迎流角和波陡的影响,常在背流面形成流速分离点,这点已在理论研究过程中阐述。

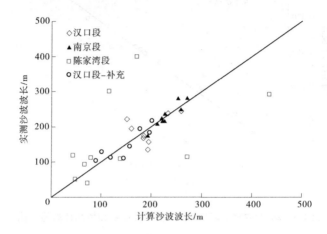

图 4-7　长江下游沙波波长实测值和计算值对比

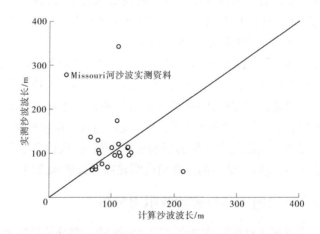

图 4-8　Missouri 河沙波波长实测值和计算值对比

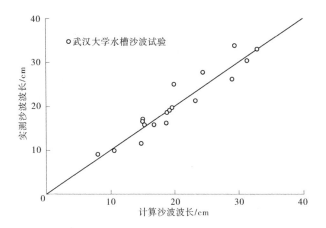

图 4-9 武汉大学水槽试验沙波波长试验值和计算值对比

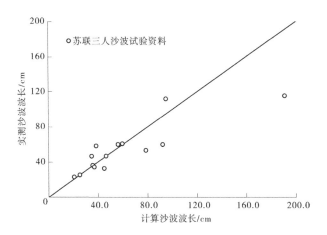

图 4-10 苏联三人沙波波长试验值和计算值对比

伴随流速分离点的出现,沙波背流面常以负压的形式出现在整个沙波单元的压力分布上,根据一个完整沙波波面上实测的压强分布资料(见图 4-11)可知,在沙波形状阻力的计算过程中,除了决定面积的波高,迎流面和背流面处压强的分布则起着重要的作用,当背流面面积非常小时,即背流角很陡时,随着水流流速的降低非对称沙波的形态阻力将非常突出,这种流速分离点而猝发的阻力效应将由分离点的位置决定,根据流体动力学绕柱流的研究可知,分离点的位置与水流雷诺数和弗劳德数直接相关,则沙质河床非对称沙波的阻力可表示为

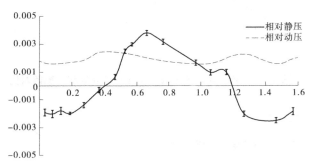

图 4-11　Delft Hydraulics 水槽试验内完整沙波波面上
沿程相对静压和相对动压

$$C_{D,\text{total}} = \frac{1}{7}\left(\frac{h_s}{H_T}\right)^{\frac{1}{7}}\left[1 + \Psi(Re, Fr)\right]$$

$$= \frac{1 + \Psi(Re, Fr)}{7}\left[\frac{\dfrac{\rho g J(u^2 + u)}{2}\dfrac{u^2 - 1}{2H_T C_D \xi_m u^2} - \rho g Fr^2(u^2 - u^3) + \dfrac{\rho g u^2}{2} - \dfrac{\rho g}{2}}{\dfrac{\rho g J(u^2 + u)}{2}\left(1 + \dfrac{\xi_c - 1}{H_T Fr^2 C_D \xi_m u^2}\right) + M_s u^4 + \dfrac{u^2 \rho g \Pi}{2\xi}}\right]^{\frac{1}{7}}$$

$$(4-23)$$

式中:$\Psi(Re, Fr)$ 为流速分离点修正函数,可通过典型泥沙颗粒所组成的沙波进行压强测量后率定,这也是沙质河床非对称沙波的

表征阻力形式。

　　在一定意义上讲,非对称沙波与对称沙波既是水动力条件的一种响应差异,也是水流流态和泥沙颗粒之间的博弈产物,而非对称沙波背流面流速分离点的出现,则是沙波形体与水动力条件不匹配的产物,而其中的泥沙颗粒组次及所形成的特殊抗冲结构是形成大角度背流面的本质原因。

第 5 章　沙质河床非对称沙波
阻力及其诱发的紊动效应

　　沙质河床非对称沙波除所形成的阻力能够降低流速外,其迎流面的斜坡同时改变了近底水流的紊动结构,诱发了与紊动结构相关的一系列近底水动力条件的改变,而这种改变又一定程度上影响了组成沙波的泥沙颗粒的运动状态。沙波运动所对应的水流过程属于非恒定流运动,近沙波面水流流经沙波波峰后失去边界束缚,导致其不能均匀扩散,在波谷区域上方发生流动分离,进而产生摩擦回流,水体发生明显横轴环流运动。针对沙波上水流运动的经典试验展开深入分析,论述沙波表面不同水平位置处沙波附近流速和流速垂线分布特征与变化规律。对沙波引起的空间流速矢量偏移规律进行研究,在此基础上论述沙质河床沙波阻力及其诱发的紊动效应。

5.1　河道沙波对水动力影响的方式

5.1.1　沙波地形上流速垂线分布变化特征

　　沙波的存在影响床面阻力从而影响水流结构和泥沙运动特征。沙波床面导致水流阻力效应增加,引起水流垂向紊动结构的改变,这种改变还会反作用于底床的泥沙颗粒,改变泥沙的运动状态,最终使得底床产生显著响应。沙波表面附近的流态与沙波纵剖面形态紧密相关,在迎面流条件下,流速在近底处出现极小值,近底处形成类高速水流层,层内上边界流速大于主流区下边界流速,流速垂线剪切效应明显。国内外多组典型沙波迎流面流速垂线分布试验结果[87,88]表明,沙波表面附近的水流速度在波谷处最小,在波峰处最大。在这些环流的上下端,出现两个停滞点,在上下两个停滞点范围内,沙波表面附近的流速为负值。

以 Mierlo 和 Ruiter[59] 的水槽试验观测结果(T6 组次)为例对恒定均匀流作用下沙波地形上的纵向流速垂线分布特征进行分析。T6 组次水深与沙波波高之比为 4.175,以沙波波峰为起点($x=0$),共设置 16 个流速测量断面,由实测得到的纵向流速沿程垂线分布图 5-1 可以看出,同一测线不同高度处的流速值有明显差异,部分断面流速方向发生改变,不同位置测线的流速分布也不尽相同,尤其靠近沙波底部流速分布有明显变化。水流越过沙波波峰后,在沙波背流面及迎流面初始部分区域内靠近沙波表面范围内形成明显回流区,到 $x=0.40$ m(即水深与沙波波高之比为4.625)处沙波面回流消失,即 $x=0$ 和 $x=0.40$ m 分别为横轴环流的上、下两端。回流区对各观测断面近底流速分布具有重要影响,近沙波面水流流速由沙波波峰开始逐渐减小并在背流面出现负流,而后又沿着沙波迎流面逐渐调整,使得 $x=0.40$ m 后的断面流速垂线分布趋于指数分布,沙波表面附近流速开始增大,直至水流到达下一个沙波波峰,沙波表面流速再次出现降低现象并形成负流,因此恒定流作用下沙波面流速分布随地形呈现一定的周期性变化。$x=0.13\sim0.37$ m 断面纵向流速在距离沙波面 $0.15\sim0.18$ m 以上范围均匀分布,之后的断面流速在距离沙波面 $0.12\sim0.15$ m 处趋于均匀,且沙波迎流面靠近波峰处的部分断面出现垂向流速最大值不在水流表面的现象。当相对水深大于 0.5 时,各断面流速垂线分布趋势及流速大小趋于一致,体现出均匀流流速特征。

根据上述水流结构的分析可以看出,沙波床面对水流结构具有重要的反馈作用。沙波波峰处发生的水流分离使沙波背流面形成横轴环流,并产生形状阻力,导致波谷附近距离沙波床面某一高

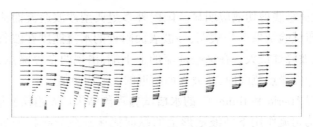

图 5-1　Mierlo 和 Ruiter 在 Delft Hydraulics 水槽沙波试验
沿沙波纵剖面流速垂线分布[59]

度范围流速不再服从指数分布,同时再附着点之后迎流面上水流
在流向波峰时将产生加速流。由于沙波地形和水流黏滞性的影
响,近底边界层内流速梯度也有所增大。再附着点距离沙波波峰
的水平距离一般为 3.5~5 倍的沙波波高,在此范围内水流流速较
小,但流速梯度较大。再附着点后沙波表面水体流速开始增大。
实际上,受到沙波形状阻力的影响,迎水面上流速垂线分布往往也
偏离均匀流指数分布,偏离程度与沙波波高与水深的相对关系
有关。

　　为了进一步明确该流速垂线剪切效应表征的流速梯度存在的
原因,是底部沙波地形引起的水深变化还是沙波形状阻力的影响,
还是上游沙波背流面近底流速对下游沙波迎流面流速垂线分布的
影响,采用三维水动力数学模型对典型沙波迎面流流速垂线分布
水槽试验进行数值模拟,计算仅考虑沙粒阻力条件下,流速垂线分
布形态,以及多沙波和单沙波条件下流速垂线分布的差异。对比
分析多组典型沙波条件下流速分布试验,选取测点分布较丰富的
Mierlo 和 Ruiter[59] 在荷兰 Delft Hydraulics 实施的沙波水槽试验和
马殿光等[66] 在天津水运科学研究院开展的迎流面流速分布水槽
试验开展数值试验研究,其中 Delft Hydraulics 的试验沙波波陡较
小,天津水运科学研究院的试验沙波波陡较大,通过不同试验之间
的横向对比,可以定性地对比波陡对流速垂线分布以及水流垂向

紊动结构的影响。计算中采用的沙波地形尺度及水深、流量等水流条件均与水槽试验参数设置保持一致,采用 $k-\varepsilon$ 型紊动模块进行垂向流速的求解,由于三维数学模型在计算沙波水流流速分布时,水流动力变化仅考虑由水深变化引起,床面阻力仍以表面阻力为主,并未考虑沙波形状阻力的影响,通过实测值与数值模拟计算值的对比,说明形状阻力对流速分布的影响。

5.1.2 沙波地形上流速垂线分布数值模拟

数学模型以其研究周期短和便于调整等优势已成为河流水沙动力计算研究的重要工具之一。传统计算流体力学中描述紊流的经典控制方程为 Navier-Stokes 方程。按照计算方式的差异可分为直接数值模拟(DNS)、大涡模拟(LES)和雷诺平均方法(RANS)。而直接数值模拟法虽是能够获得紊流场精确信息的方法,但计算资料所需过大,即使是试验水槽尺度的计算量,现有计算能力也难以满足;大涡模拟以紊动能传播机制为基础,直接围绕大尺度涡的运动进行数值模拟,并考虑小尺度涡对大尺度涡的影响,是目前小尺度水动力数值模拟较为流行的计算方法,但受限于其计算量,目前还无法以较低的成本完成以千米计算的河道或航道的水沙数值模拟工作;在工程计算领域,目前仍旧以雷诺平均方法作为实际河道尺度水沙运动数值模拟的主要方法。在 RANS 中,为了满足方程湍封闭的要求,一般通过引入方程中表达紊动项的计算方程,根据湍封闭方程个数的差异,常分为零方程模型、一方程模型、二方程模型。目前,二方程模型应用较为广泛的为 Mellor-Yamada 方程和 $k-\varepsilon$ 方程。部分学者认为当前数学模型通过计算区域的网格剖面方式得到相当细微的计算单元,能够较好地刻画河道内以水深表征的地形微变化,进而完成河道内沙波几何尺度的刻画。

Van Rijn 等提出河床底部沙波对水沙运动及输运的影响主要

为河道阻力,并提出在沙波对河道水流运动的影响可以按照 3 倍沙波高度进行概化,以替换平底河床沙粒阻力的摩擦高度,并认为沙波阻力大于沙粒阻力一个甚至多个数量级,其已开展的水槽试验结果为沙粒阻力对应的摩阻高度为 3 倍泥沙中值粒径。为了回答沙波对河道水动力的影响是否仅仅体现在沙波引起的水深变化,这里开展数值试验,采用与 Delft Hydraulics 水槽内完全一致的地形和水动力边界条件,并以 Delft Hydraulics 提供的基于实测数据反推得到的沙粒阻力对应的摩阻高度(2.5 倍泥沙颗粒中值粒径)作为数学模型中摩擦系数项中的摩擦高度,以确保沙粒阻力在数值试验中的作用。

　　采用基于非结构三点式三角形网格并采用有限体积法建立的三维水沙动力数学模型[84]。模型包括基础水动力模块、紊流模块和泥沙模块,基础水动力数学模块的控制方程组由水流动量方程、水流连续方程等组成,具体方程的表达式如下

$$\frac{\partial u}{\partial t} + u\frac{\partial u}{\partial x} + v\frac{\partial u}{\partial y} + w\frac{\partial u}{\partial z} - fv = -\frac{1}{\rho_0}\frac{\partial P}{\partial x} + \frac{\partial}{\partial z}\left(\varepsilon_m\frac{\partial u}{\partial z}\right) + F_u$$

$$(5\text{-}1)$$

$$\frac{\partial v}{\partial t} + u\frac{\partial v}{\partial x} + v\frac{\partial v}{\partial y} + w\frac{\partial v}{\partial z} + fu = -\frac{1}{\rho_0}\frac{\partial P}{\partial y} + \frac{\partial}{\partial z}\left(\varepsilon_m\frac{\partial v}{\partial z}\right) + F_v$$

$$(5\text{-}2)$$

$$\frac{\partial P}{\partial z} = -\rho g \qquad (5\text{-}3)$$

$$\frac{\partial u}{\partial x} + \frac{\partial v}{\partial y} + \frac{\partial w}{\partial z} = 0 \qquad (5\text{-}4)$$

式中:x、y 和 z 分别为笛卡尔坐标系中水平方向和垂直方向的坐标;u、v 和 w 分别为 x、y 和 z 三个方向上的速度分量;g 为重力加速度;f 为科氏参数;ρ_0 为参考密度;ρ 为当地密度;P 为压强;ε_m 为垂向动量传递系数;F_u、F_v 代表水平动量扩散项。总水深

$h = h_0 + h_e$, h_0 为底部高程, h_e 为水位(相对 $z = 0$)。

水流运动的水表与底部边界条件可写为

$$\varepsilon_m \left(\frac{\partial u}{\partial z}, \frac{\partial v}{\partial z} \right) = \frac{1}{\rho_0} (\tau_{sx}, \tau_{sy}) , w = \frac{\partial h_e}{\partial t} + u \frac{\partial h_e}{\partial x} + v \frac{\partial h_e}{\partial y} + \frac{\hat{E} - \hat{P}}{\rho} ,$$
$$z = h_e(x, y, t) \tag{5-5}$$

$$\varepsilon_m \left(\frac{\partial u}{\partial z}, \frac{\partial v}{\partial z} \right) = \frac{1}{\rho_0} (\tau_{bx}, \tau_{by}) , w = - u \frac{\partial h_0}{\partial x} - v \frac{\partial h_0}{\partial y} + \frac{\Omega_{bed}}{\Omega_{duan}}, z = - h_0(x, y)$$
$$\tag{5-6}$$

式中: Ω_{duan} 为面积; Ω_{bed} 为底部地下水通量; (τ_{sx}, τ_{sy}) 和 $(\tau_{bx}, \tau_{by}) = C_d \sqrt{u^2 + v^2} (u, v)$ 分别为 x , y 方向的表面切应力及底部切应力, C_d 为水流作用下的阻力系数。

紊流模块目前使用较广的为 Mellor - Yamada 模型[85]与 Rodi[86]和 Wilcox(1980)提出的 $k - \varepsilon$ 模型,Mellor-Yamada 模型的模拟参量为紊动动能($q^2/2$)和掺混长度(l), $k - \varepsilon$ 模型的模拟参量为紊动动能参数(k)和紊动耗散率 ε 。

其中,Mellor 和 Yamada 紊流模块的控制方程可表示为

$$\frac{\partial q^2 h}{\partial t} + \frac{\partial u q^2 h}{\partial x} + \frac{\partial v q^2 h}{\partial y} + \frac{\partial w q^2}{\partial \sigma_h}$$

$$= \frac{\partial}{\partial \sigma_h} \left(\frac{K_q}{h} \frac{\partial q^2}{\partial \sigma_h} \right) + \frac{K_m}{h} \left[\left(\frac{\partial u}{\partial \sigma_h} \right)^2 + \left(\frac{\partial u}{\partial \sigma_h} \right)^2 \right] +$$

$$2 \left(\tau_{px} \frac{\partial u}{\partial \sigma_h} + \tau_{py} \frac{\partial v}{\partial \sigma_h} \right) - \frac{2 h q^3}{B_1 l} + \frac{2 g K_h}{\rho_0} \frac{\partial \tilde{\rho}}{\partial \sigma_h} +$$

$$\frac{\partial}{\partial x} \left(h A_h \frac{\partial q^2}{\partial x} \right) + \frac{\partial}{\partial y} \left(h A_h \frac{\partial q^2}{\partial y} \right) \tag{5-7}$$

$$\frac{\partial q^2 l h}{\partial t} + \frac{\partial u q^2 l h}{\partial x} + \frac{\partial v q^2 l h}{\partial y} + \frac{\partial w q^2 l}{\partial \sigma_h}$$

$$= \frac{\partial}{\partial \sigma_h}\left(\frac{K_q}{h}\frac{\partial q^2 l}{\partial \sigma_h}\right) + E_1 l \frac{K_m}{h}\left[\left(\frac{\partial u}{\partial \sigma_h}\right)^2 + \left(\frac{\partial v}{\partial \sigma_h}\right)^2\right] +$$

$$\left(\tau_{px}\frac{\partial u}{\partial \sigma_h} + \tau_{py}\frac{\partial v}{\partial \sigma_h}\right) + E_3\left(\frac{gK_h}{\rho_0}\frac{\partial \tilde{\rho}}{\partial \sigma_h}\right) - \frac{hq^3}{B_1} + \frac{\partial}{\partial x}\left(hA_h\frac{\partial q^2 l}{\partial x}\right) +$$

$$\frac{\partial}{\partial y}\left(hA_h\frac{\partial q^2 l}{\partial y}\right) \tag{5-8}$$

式中：$\partial\tilde{\rho}/\partial\sigma_h = \partial\rho/\partial\sigma_h - c_s^{-2}\partial P/\partial\sigma_h$；$E_1$、$E_3$、$B_1$ 为封闭常数；τ_{px} 和 τ_{py} 为压应力项；c_s 为声速。

随着紊流模型研究的逐步深入，$k-\varepsilon$ 模型种类也越来越丰富，应用较广的除了经典的标准 $k-\varepsilon$ 模型，还有改进型 $k-\varepsilon$ 模型，这里采用改进的 $k-\varepsilon$ 模型作为数值模拟的紊动计算模块，其控制方程可表示为

$$\frac{\partial k_K}{\partial t} - \frac{\partial}{\partial z}\left(\frac{\varepsilon_m}{\sigma_k}\frac{\partial k_K}{\partial z}\right) = G_1 + G_2 - \varepsilon \tag{5-9}$$

$$\frac{\partial \varepsilon}{\partial t} - \frac{\partial}{\partial z}\left(\frac{\varepsilon_m}{\sigma_\varepsilon}\frac{\partial \varepsilon}{\partial z}\right) = c_1(G_1 + c_3 G_2) - c_2\frac{\varepsilon}{k_K} \tag{5-10}$$

式中：k_K 为紊流动能；ε 为紊流动能耗散率；σ_ε 为紊流 Prandtl 数，即紊动涡黏度与传导度的比值；G_1 为紊动剪切通量与流速梯度乘积和；G_2 为紊动产生的浮力；c_1、c_2 和 c_3 为经验系数。

$$G_1 = -\overline{u'w'}\frac{\partial \bar{u}}{\partial z} - \overline{v'w'}\frac{\partial \bar{v}}{\partial z} = \varepsilon_m\left[\left(\frac{\partial \bar{u}}{\partial z}\right)^2 + \left(\frac{\partial \bar{v}}{\partial z}\right)^2\right] \tag{5-11}$$

$$G_2 = -\frac{g}{\rho_0}\overline{w'\rho'} = -\frac{g}{\rho_0}\left(\frac{\varepsilon_m}{\sigma_\varepsilon}\right)\frac{\partial \bar{\rho}}{\partial z} \tag{5-12}$$

其中

$$\sigma_\varepsilon = \begin{cases} \dfrac{[1 + (10/3)R_i]^{3/2}}{(1 + 10R_i)^{1/2}} & R_i \geqslant 0 \\ 1 & R_i < 0 \end{cases} \tag{5-13}$$

其中: R_i 为 Richardson 数的导数,其表达式为

$$R_i = \frac{N_G^2}{N_P^2}; \quad N_G^2 = -\frac{g}{\rho_0}\frac{\partial\bar{\rho}}{\partial z}; \quad N_P^2 = \left(\frac{\partial\bar{u}}{\partial z}\right)^2 + \left(\frac{\partial\bar{v}}{\partial z}\right)^2 \quad (5\text{-}14)$$

动量传递系数 ε_m 可表示为

$$\varepsilon_m = c_\mu(\alpha_P, \alpha_G, F_\alpha)\frac{k_K^2}{\varepsilon} \quad (5\text{-}15)$$

式中: F_α 为近底修正因子; α_P 和 α_G 分别为无量纲紊动剪切数和无量纲紊动浮力的函数,有

$$\alpha_P = \frac{k_K^2}{\varepsilon^2}N_P^2; \quad \alpha_G = \frac{k_K^2}{\varepsilon^2}N_G^2 \quad (5\text{-}16)$$

改进型 8 参数 $k - \varepsilon$ 模型表层边界条件为

$$\begin{cases} \varepsilon_m\dfrac{\partial k_K}{\partial z} = 0; \quad k_K c_\mu^{-1/2} > u_{\tau s}^2 \\[2mm] k_K = u_{\tau s}^2/c_\mu^{1/2}; \quad k_K c_\mu^{-1/2} \leqslant u_{\tau s}^2 \\[2mm] \varepsilon = \dfrac{k_K^{3/2} c_\mu^{3/4}}{\kappa\{H + z + 0.07H[1 - (u_{\tau s}^2/k_K c_\mu^{1/2})]\}} \end{cases} \quad (5\text{-}17)$$

改进型 8 参数 $k - \varepsilon$ 模型底部边界条件为

$$\begin{cases} k_K = u_{\tau b}^2/c_\mu^{1/2} \\[2mm] \varepsilon_m = \dfrac{1}{\kappa(H + z)}u_{\tau b}^3 \end{cases} \quad (5\text{-}18)$$

泥沙模块由泥沙扩散方程和河床变形方程组成。根据悬浮泥沙守恒条件和连续性原理,基于 Fick 第二扩散定律,则非平衡条件下进行 Reynolds 平均后的三维悬浮泥沙运动的控制方程可表示为

$$\frac{\partial c}{\partial t} + \frac{\partial uc}{\partial x} + \frac{\partial vc}{\partial y} + \frac{\partial wc}{\partial z}$$

$$= \frac{\partial\omega_s c}{\partial z} + \frac{\partial}{\partial x}\left(\varepsilon_{s,x}\frac{\partial c}{\partial x}\right) + \frac{\partial}{\partial y}\left(\varepsilon_{s,y}\frac{\partial c}{\partial y}\right) + \frac{\partial}{\partial z}\left(\varepsilon_{s,z}\frac{\partial c}{\partial z}\right) \quad (5\text{-}19)$$

式中: c 为悬浮泥沙的浓度, kg/m^3; u 、v 和 w 分别为 x 、y 和 z 方向的流速, m/s; $\varepsilon_{s,x}$ 、$\varepsilon_{s,y}$ 和 $\varepsilon_{s,z}$ 为潮流作用下的 x 、y 和 z 方向的泥沙扩散系数, m^2/s。

悬浮泥沙导致的底床变形方程可表示为

$$\gamma_0(1 - P_b)\frac{\partial \eta_s}{\partial t} = E_s - D_s \qquad (5\text{-}20)$$

式中: η_s 为底床的冲淤厚度; γ_0 为底床泥沙干容重; P_b 为底床孔隙比; E_s 为泥沙侵蚀通量; D_s 为泥沙淤积通量。

对比分析多组典型沙波条件下流速分布试验,选取测点分布较丰富的 Mierlo 和 Ruiter[59] 在荷兰 Delft Hydraulics 实施的沙波水槽试验和马殿光等[66] 在天津水运科学研究院开展的迎流面流速分布水槽试验开展数值试验研究,其中 Delft Hydraulics 的试验沙波波陡较小,而天津水运科学研究院的试验沙波波陡较大,为了进一步明确沙波地形上水流流速及紊动结构与恒定流的不同是本沙波地形的影响,还是上游沙波背流面近底水流对下游沙波迎流面流速的影响,在数值试验中实施多沙波和单沙波条件下沙波地形上水流流速及紊动结构差异的分析。通过不同试验之间的横向对比,可以定性地对比沙波对流速及水流紊动结构的影响。计算中采用的沙波地形尺度及水深、流量等水流条件均与水槽试验参数设置保持一致,采用 k-ε 型紊动模块进行垂向流速的求解,通过实测值与数值模拟计算值的对比,可说明沙波阻力对水流运动的影响。

5.1.2.1　荷兰 Delft Hydraulics 泥沙水槽试验

为深入了解沙波地形对水流运动的影响,Mierlo 和 Ruiter 在荷兰 Delft Hydraulics 的泥沙水槽中开展了一系列不同水流条件下平底和沙波床面上的水流试验研究。水槽规格为长 100 m、宽 1.5 m、高 1.0 m。沙波地形的水流试验段布置在水槽中游,为保证沙波地形上水流条件基本保持不变,共布置 33 座沙波以供测量,且水槽纵向底坡不变。试验中设置恒定流量,并使得能坡与底坡保

持一致,确保来流为恒定均匀流。试验选取的沙波模型波高为
0. 08 m,波长为 1. 6 m,迎水面坡度为 1:16,背水面坡度为 1:2。沙
波剖面尺度如图 5-2 所示。试验中水泥质沙波模型置于坡度一定
的砾石层上部,沙波模型表面粘有厚度为 1~2 倍粒径的泥沙层,
泥沙颗粒粒径 $D_{50} = 1. 6$ mm。

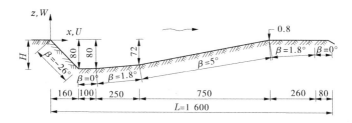

图 5-2　Mierlo 和 Ruiter 水槽试验沙波剖面形态[59]　（单位:mm）

选取以沙波迎流面流速垂线分布为核心试验组次的 T6 组试
验作为数值模拟对象,垂向采用等间距分层方式,共分为 20 层,数
学模型进口开边界采用流量控制,出口开边界采用水位控制,沙波
地形如图 5-3 所示。为了消除上游沙波背流面对下游沙波迎流面
的影响,进行了独立单沙波的计算,其地形如图 5-4 所示,其结果
与沙波群联合作用引起的流速变化差异较小。再与 Mierlo 和
Ruiter 水槽试验测量相同位置进行纵向和垂向流速计算结果的提
取,并与试验测量结果进行对比。

Mierlo 和 Ruiter 采用多组 ADV 设备对试验水槽内沙波床面
上不同观测断面处的三维流速分量进行了测量,选用进入稳定水
动力条件的其中一组沙波地形上水流试验测量数据进行分析。该
T6 组次的试验条件如表 5-1 所示。沙波波高为 0. 08 m,沙波波长
为 1. 60 m,流量为 0. 257 m^3/s。

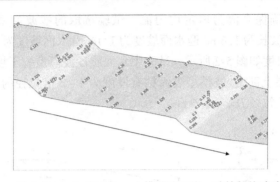

图 5-3　建立与 Mierlo 和 Ruiter 水槽试验尺度一致的数值试验地形

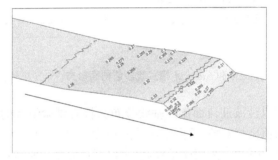

图 5-4　与 Mierlo 和 Ruiter 水槽试验沙波尺度一致的单沙波地形

表 5-1　Mierlo 和 Ruiter 水槽试验条件

试验组次	沙波高度/ m	沙波长度/ m	流量/ (m³/s)	平均水深 /m	水力半径 /m	能坡	底坡	Fr
T6	0.08	1.61	0.257	0.334	0.298	0.000 96	0.000 94	0.29

　　Mierlo 和 Ruiter 水槽沙波试验获得的实测值和数值模拟得到的流速垂线分布对比如图 5-5~图 5-7 所示,实测流速纵剖面和数值模拟流速纵剖面对比如图 5-8 所示。实测流速纵剖面图中,沙波波峰下游可以看到明显的负流区,范围覆盖背流面到迎流面部分区域。该区域中迎流面和背流面的压差使得水流形成横轴环

流,产生形状阻力。负流最大值位于负流区末端,为 0.08 m/s,方向指向水流上游。数值模拟得到的流速剖面中沙波背流面未出现负流区,说明数值模拟中计算近底处流速时未考虑形状阻力的影响,依然采用平底地形的紊动模型进行计算,背流面及波谷处近底流速分布与沙波表面其他位置流速分布规律无明显差异。

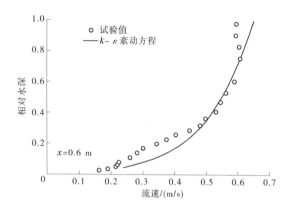

**图 5-5　采用 k-ε 型紊流模块进行数值模拟在 $x = 0.6$ m 处模拟结果
与 Delft 水槽试验值对比**

对比两幅图可以发现,迎流面上沙波表面流速值向下游方向逐渐增大,实测值的增大幅度大于模拟计算值,说明模拟值的近底流速梯度偏小,进而底部切应力偏小。尤其在靠近波峰处,实测底部流速约为 0.3 m/s,模拟计算流速值仅为 0.15 m/s。就水体上部流速而言,实测值和模拟计算值都体现出了迎流面上部流速小于波峰处上部流速这一特征,但实测迎流面流速明显大于模拟计算所得流速,说明受沙波背流面漩涡的影响,靠近波谷的部分迎流面区域尾流区流速呈现不均匀分布,与均匀流分布相差较大。而模拟流速图中沙波相同断面处流速在 0.5 h 以上时流速已逐渐趋于域均匀,与实测结果不符。实测流速图中,波峰处流速垂向分布

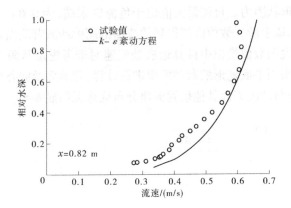

**图 5-6　采用 k-ε 型紊流模块进行数值模拟在 $x=0.82$ m 处模拟结果
与 Delft 水槽试验值对比**

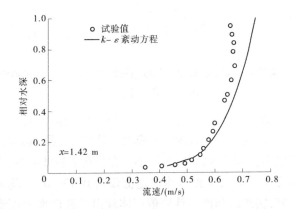

**图 5-7　采用 k-ε 型紊流模块进行数值模拟在 $x=1.42$ m 处模拟结果
与 Delft 水槽试验值对比**

较为均匀,说明上部尾流区与底部边界层已充分混合,垂向紊动扩散强烈导致流速分布达到均匀状态。而模拟计算值波峰上的流速分布仍存在明显的边界层区域,底部垂向掺混作用较小。

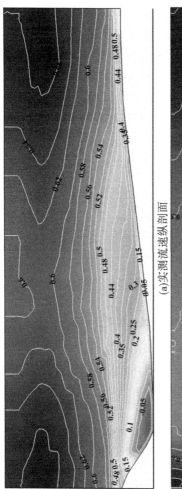

(a)实测流速纵剖面

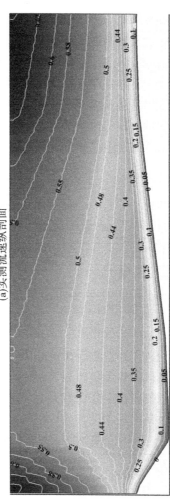

(b)模拟流速纵剖面

图 5-8　Delft Hydraulics 水槽试验沿沙波实测流速分布纵剖面和采用 k–ε 型紊流模块进行数值模拟结果对比

5.1.2.2　天津水运科学研究院变坡水槽试验

为探究沙波迎流面水流流速分布规律,马殿光等[66]利用天科院大型变坡水槽开展了沙波水流试验研究。水槽整体长 83.0 m、宽 1.0 m、高 0.8 m,变坡范围 0~1.0%,水槽边壁为钢化玻璃材质。试验中将 4 座沙波布置在水槽中游,通过三维仿真综合供水控制系统保证来流为均匀恒定流,试验布置如图 5-9 所示。试验中采用两种波高的沙波模型进行研究,采用 ADV 测量沙波迎水面不同断面处流速垂线分布。

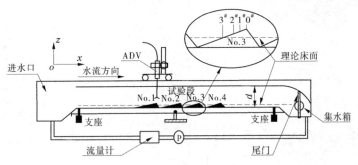

图 5-9　马殿光等水槽试验布置

此处选用沙波波高 0.4 m、波长 4.0 m 的流速试验结果进行分析。具体试验参数如表 5-2 所示。其中,迎流面和背流面在水平方向的投影长度分别为 3.4 m 和 0.6 m,平均水深为 0.36 m,则迎面流坡角为 6.71°。

表 5-2　马殿光等水槽试验条件

试验组次	沙波高度/m	沙波长度/m	平均水深/m	迎流面坡角/(°)	Re	Fr
2	0.4	4.0	0.36	6.71	74 555.31	0.13

　　垂向采用等间距分层方式,共 20 层,数学模型进口开边界采用流量控制,出口开边界采用水位控制,建立非对称沙波和对称型沙波两种工况,其数值模拟中沙波地形分别如图 5-10 和图 5-11 所示。在数值模拟计算结果进入稳态后,在与马殿光水槽试验测量相同位置进行纵向和垂向流速计算结果的提取,并与其试验测量结果进行对比。

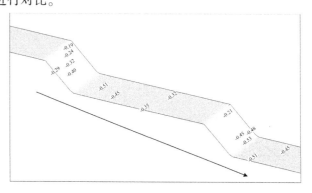

图 5-10　建立与马殿光水槽试验尺度一致的数值试验地形

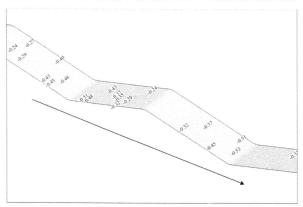

**图 5-11　建立与马殿光水槽试验沙波高度和长度一致的
对称型沙波数值试验地形**

与马殿光试验沙波布置一致的数值模拟计算值和沙波试验流速实测值对比如图 5-12 所示。试验中主要针对迎流面的流速垂线分布进行测量,由沙波迎流面至波峰处的断面编号依次为 3#、2#、1#、0#。该组次试验水深与沙波波高之比为 $h/\eta = 1.4$。由图 5-12

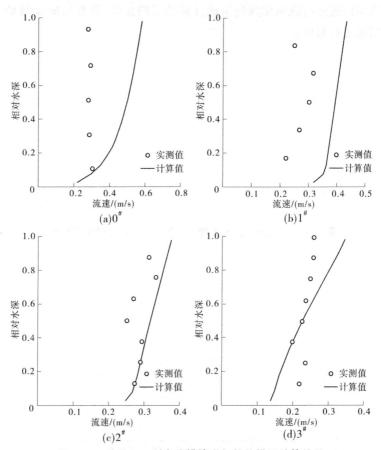

图 5-12　采用 k-ε 型紊流模块进行数值模拟计算结果
与马殿光水槽非对称沙波试验值对比

可以看出,沙波对水流结构的影响不仅体现在沙波表面流速,也扩展到上部水体的流速分布,且沙波上不同位置处的流速分布特征有明显差异。3#断面位于迎流面上最靠近波谷的位置,水体中部实测值与模拟值相近,但水面处实测值小于模拟值,近底处大于模拟值,说明该处流速分布受波谷附近回流区影响显著,上部尾流区与内部边界层相互作用,近底流速和表面流速都因沙波形状阻力的作用发生变化。2#断面实测值与模拟值在底部较为一致,但当 $z/h > 0.5$ 时,模拟值与实测值相比偏小,说明数值模拟结果未能反映上部水体的流速变化情况。

1#断面和0#断面分别位于2#断面下游和沙波波峰处,两断面的流速分布实测值均小于模拟值,数值模拟结果未能体现靠近波峰处的流速垂向分布规律。从沿程流速分布的变化来看,由波谷下游迎流面开始到波峰处,沙波表面附近流速的实测值和模拟值都体现出逐渐增大的趋势,反映出沙波波谷到波峰的水流加速现象,但在垂直方向上,除3#断面外,其余断面的流速实测值均小于模拟值,说明沙波背流面形成的漩涡助长了上部水体的紊动,阻力损失增加,水流流速与在平底条件下相比有所减小,形状阻力的影响不可忽略。

与马殿光试验沙波布置一致的非对称沙波数值模拟计算值和波陡、波高、波长一致的对称型沙波数值模拟计算值对比如图5-13所示,数值模拟结果表明对称型沙波引起沙波波峰处水流近底紊动更加强烈,而在迎流面自过渡区至紊动区域紊动有所减弱。

由上述分析可以看出,在相同的地形尺度和水流动力条件下,数值模拟计算出的沙波床面沿程流速分布与实际分布存在差异。现有数学模型计算中流速的变化仅来源于沙波高度引起的水深变化,并未体现迎流面和背流面的压力差导致的形状阻力及其对水流紊动结构的影响,近底处流速计算的偏差将造成与实际结果不符的底部切应力及泥沙冲淤计算结果。

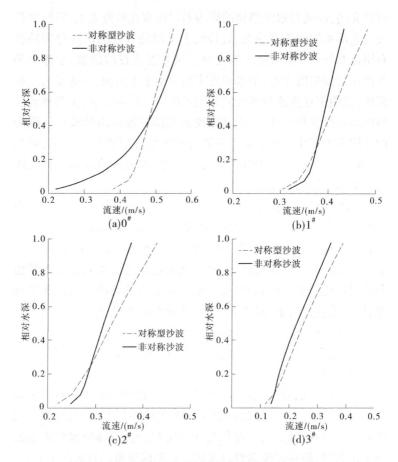

**图 5-13　采用 k-ε 型紊流模块进行非对称沙波与
对称型沙波数值模拟结果对比**

　　根据上述数值试验可知,沙质河床沙波地形与平底地形对水
流运动的影响存在不同的物理图形,沙波对河道水流运动影响不
单是以沙波为单元整体河道阻力的增加,而且对水流近底甚至整
个水体的紊动结构发生了影响。因此,本研究中的"阻力特征"不

单为传统意义上的沙波消能作用,而且包含沙波所诱发的近底紊
动结构的改变。

沙波作为河床床面的形态,种类众多,基于研究的目的性和针
对性,考虑自沿程纵向一维单沙波的几何形态和阻力特征为切入
点,开展相关研究工作。在河道数值模拟的过程中,在出现明显沙
波地形条件的河段阻力系数不能简单地采用恒定均匀流的结论,
会引起水动力计算结果存在较大误差,而泥沙冲淤计算结果出现
定性上的偏差。在沙波地形上,水流经过沙峰和沙谷交替出现的
地形,其将直接引起水流沿程水深的变化,这种变化是自然过渡过
程,并非突变,则可知水流将以非均匀流的流态在沙波地形上
运动。

关于沙波地形形态的影响研究不仅是较为直观的阻力问题,
而且沙波地形还改变了水流紊动结构,流速垂线分布形态,以及泥
沙起动条件的变化,不再是原有起动流速作为泥沙颗粒在沙波迎
流面或背流面起动的判断准则。与迎流面相比,沙波背流面受沙
波遮蔽效应而引起了一系列横轴环流、斜轴环流和平轴环流,其导
致沙波背流面压强分布与迎流面存在较大差异,进而引起沙波形
体阻力,其内在机制复杂,应从沙波形体阻力的定义出发并结合近
底边界层理论所包含的紊动结构形态进行深入研究。

5.2　沙质河床非对称沙波对流速沿程 分布的影响

沙质河床非对称沙波影响下的迎流面流速垂线分布与恒定流
差异明显,流速矢量方向随着相对水深的增大而不断变化,最终在
水面处趋于水体上部流动的方向。根据已开展的水槽试验观测资
料可知,流速矢量与水平方向的夹角不但与迎流角有关,而且会随
着距沙波波谷的水平坐标的增加而发生规律性变化。采用 Delft

开展的水槽试验 T6 组次数据为例,对水流稳定区域一个完整沙波范围内的流速分布进行分析,该沙波自波峰始,经历坡度变化的背流面和迎流面,过渡至下一个波峰。由于水流动压的影响,沙波背流面形成的水平横涡导致近底出现两个流速零点,图 5-14(a)为临界沙波波峰处的流速偏移角垂线分布,可以看到该测量站位处沙波引起的流速分离现象,其分离点大体位于 50% 水深处;图 5-14(b)为位于背流角 26°背流面上的流速偏移角垂线分布,如图可知临界沙波背流面处的流速呈现紧贴沙波背流面而向沙波处运动的水流,其与主流区水流在背流面形成力矩。其偏移角在沙波波高至底部偏移角呈现大梯度变化,达到与沙波波峰所处高程后偏移角大体围绕水平方向开始小幅度的振动。

水流自背流面经历水平投影长度 0.10 m 短暂的平底地形,进入迎流面中坡度为 1.8°、水平投影长度为 0.25 m 的过渡区,整个过渡区布设了三个测验站位,可以看到 $L = 0.29$ m 和 $L = 0.43$ m 处流速偏移角并未出现显著变化,直至到达试验布设测线 $L = 0.53$ m 处,流速垂线上仍旧受到背流面的影响而在垂线上存在 10^{-2} 量级、方向向下的流速分量。由图 5-15 近底处流速偏移角沿程分布变化趋势可知,受迎流面地形条件的影响,迎流角自 1.8°变坡至 5.0°,近底与沙波波面临近的水流自 $L = 0.53$ m 处至 $L = 0.60$ m 处偏移角不断增大,并开始向正值过渡,$L = 0.53$ m 处和 $L = 0.60$ m 处流速偏移角差异在垂线上自水表向水底不断增大,说明沙波地形条件下水流流速矢量方向的变化为自底向水表开始变化,这与往复流边界层条件下的水流运动过程水平流速方向的调整顺序一致。由图 5-16 可以看出,随着水流在迎流面上逐渐调整,迎流面上部水流流速偏移角由底部向水表不断减小并趋于主流方向。整体而言,流速偏移角随着迎流面长度逐渐减小,水流垂向时均流速逐渐趋于对数分布,直至到达沙波波峰,流速偏移角由底部开始再次增大,水流进入波谷处,近底处流速偏移角出现负值。

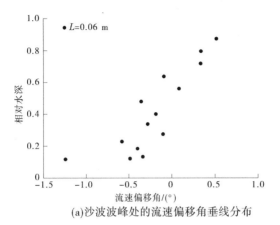

(a)沙波波峰处的流速偏移角垂线分布

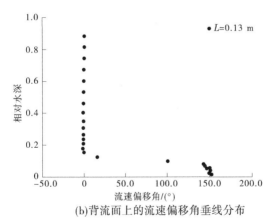

(b)背流面上的流速偏移角垂线分布

注:L为距沙波波峰的距离,偏移角为流速矢量与水平坐标轴正轴的夹角。

图 5-14　沙波背流面流速偏移角垂线分布

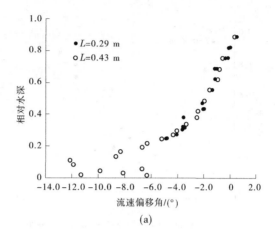

(a)

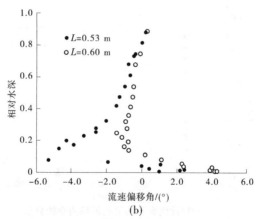

(b)

图 5-15 沙波背流面至迎流面变坡
过渡区流速偏移角垂线分布

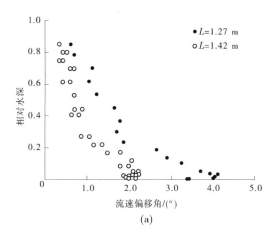

(a)

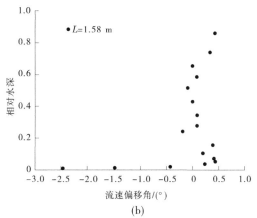

(b)

图 5-16 沙波迎流面及下一个波峰临迎
流面区域流速偏移角垂线分布

5.3 非对称沙波诱发的流速偏移角函数

非均匀流的研究结论表明,水流运动的方向基本与等压线平行,而恒定均匀流则为较特殊的水面坡降、底床比降和能坡重合。考虑到偏移角的重要性,则需对非恒定流条件下沙波迎流面不同位置处的流速偏移角开展进一步讨论分析。

由5.2节一个完整沙波范围内的偏移角垂线分布变化分析可知,在迎流面水流摆脱背流面影响达到稳定后,流速偏移角随相对水深大体服从指数函数分布。而在 $L = 0.07$ m 之前的迎流面上偏移角垂线上并非完全服从指数函数分布,甚至在 $L = 0.43 \sim 0.53$ m 范围内整个偏移角基本处于负值范围内。考虑沙波上受背流面影响的迎流面流速物理图形,其流速可视作两种水动力条件联合影响下的综合水动力效应。背流面流速以主流区减速、近底层加速的动力分布特征进入其下游迎流面,与受迎流面地形影响的流速交互,引起流速偏移角在近水表处为正值,随着相对水深的减小,流速偏移角向负值不断增大,在 0.1 倍相对水深处达到负最大值,而后开始减小,在近迎流面的测验站位处则进一步又成为正值。根据试验测定的流速偏移角垂线分布可知,其大体服从瑞利分布,但又和瑞利分布在最大值附近对称存在差异。引入垂线流速偏移角松弛因子 Θ ,表征水平涡在近底边界层附近导致的大梯度偏移角,其表达式可写为

$$\Theta(z/h) = 1 - \eta_{layer}^{z/h} \qquad (5-21)$$

式中: η_{layer} 为近底边界层厚度,在水槽试验计算中采用 Nikuradse 摩阻高度。

同时,在数值上改善由于采用处于 0~1 之间的相对水深作为自变量而引起的因变量非线性特征不显著的缺陷,引入非线性因子 Y 以替代瑞利分布中的线性自变量;考虑到整个水流沿水平方

向流动,则引入背景偏移角 θ_{bg} ,以表征整个运动水体的综合能坡,则过渡区的偏移角函数可表示为

$$\theta(z/h) = \theta_{bg} - \theta_a\Theta^Y\exp(-\theta_b\Theta^2) \tag{5-22}$$

式中:系数 θ_a 和 θ_b 则受测站位置及背流角和迎流角的影响,采用试验数据对 $L = 0.43$ m 和 $L = 0.53$ m 处进行系数率定,如表5-3所示。

表 5-3　过渡区流速偏移角系数率定

测验站位	距背流面水平投影距离/m	距 1.8°迎流面水平投影距离/m	非线性因子 Y	系数 θ_a	系数 θ_b	背景偏移角 $\theta_{bg}/(\degree)$
$L = 0.43$ m	0.27	0.17	0.27	22.40	3.57	0.65
$L = 0.53$ m	0.37	0.27	0.41	26.05	2.42	0.91

式(5-22)的计算值与实验室对比如图5-17所示,黑色空心圆为测验站位处的水槽试验实测值,黑色实线为式(5-22)计算值,验证结果表明式(5-22)能够较好地反映过渡区受背流面影响的迎流面测站其流速偏移角垂线分布特征,随着距离背流面越来越远,迎流面流速垂线分布基本不再受背流面影响,而形成较为理想的仅与迎流面地形特征相关的流速偏移角分布规律。

根据测站 $L = 0.70$ m 至 $L = 1.42$ m 的6个测验站位流速偏移角实测数据分布特征可知,离过渡区较远的迎流面其流速偏移角随相对水深的增加基本呈现单调递增的现象,即流速偏移角关于相对水深基本服从指数函数分布,则稳定的迎流面区域流速偏移角函数可表示为

$$\theta(z/h) = \theta_{bed,joint}\exp(-\theta_L z/h) \tag{5-23}$$

式中: $\theta_{bed,joint}$ 为临界迎流面处综合流速偏移角; θ_L 为与距迎流面起始点相对位置相关的几何系数,采用 $L = 0.70$ m 至 $L = 1.42$ m

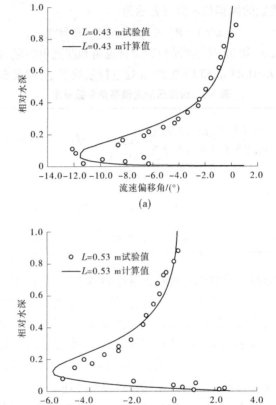

图 5-17　沙波上受背流面影响的迎流面流速
偏移角试验值和计算值对比

对式(5-23)中相关系数进行率定,如表5-4所示。

表 5-4　沙波迎流处流速偏移角系数率定

测验站位	距 5°迎流面水平投影距离 Δ_L/m	综合流速偏移角 $\theta_{bed,joint}$/(°)	几何系数 θ_L
$L = 0.70$ m	0.19	3.34	3.28
$L = 0.82$ m	0.31	4.69	2.59
$L = 0.97$ m	0.46	5.52	2.38
$L = 1.12$ m	0.61	5.56	2.35
$L = 1.27$ m	0.76	3.91	2.12
$L = 1.42$ m	0.91	2.15	2.12

　　根据表 5-4 中所率定的各试验组次的相关系数与距 5°迎流面
水平投影距离呈现较好的函数关系,其中综合流速偏移角 $\theta_{bed,joint}$
沿程服从抛物型函数的变化,几何系数 θ_L 沿程服从幂函数分布特
征,这说明近底水流沿迎流面运动过程中沿程存在流速矢量调整
的过程,偏移角和几何系数可分别采用式(5-24)和式(5-25)表示

$$\theta_{bed,joint} = -21.95\Delta_L^2 + 22.333\Delta_L - 0.103\,3 \qquad (5\text{-}24)$$

$$\theta_L = 2.002\,8\Delta_L^{-0.268} \qquad (5\text{-}25)$$

其相关系数分别为 0.984 8 和 0.933 4。

　　式(5-23)~式(5-25)联立的流速偏移角计算值与实验室对比
如图 5-18 所示,黑色实心圆为测验站位处的水槽试验实测值,黑
色实线为联立公式的计算值,验证结果表明式(5-23)能够较好地
反映迎流面流速偏移角垂线分布特征,随着距离迎流面起始点越
远,迎流面流速垂线分布约服从指数函数的分布规律,相关系数也
越来越高,直至接近下一个波峰处,如 $L = 1.42$ m 处流速偏移角在
近底处其数据散度开始增加。

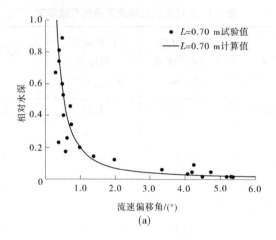

(a)

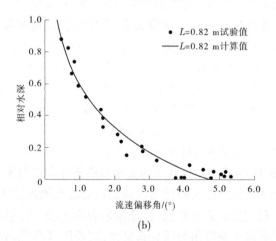

(b)

图 5-18　沙波迎流处流速偏移角试验值和计算值对比

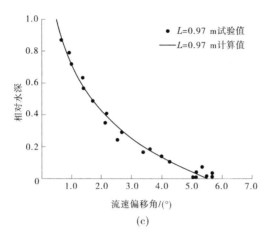

(c)

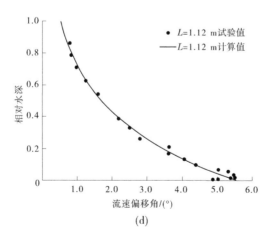

(d)

续图 5-18

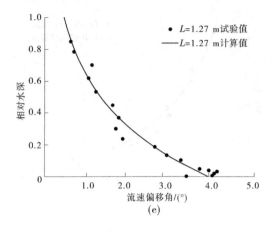

(e)

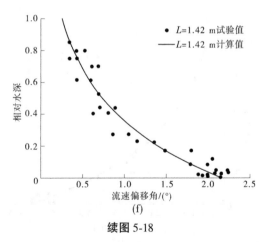

(f)

续图 5-18

5.4　沙质河床非对称沙波阻力及其
诱发的紊动效应

　　水流沿沙波地形自波峰运动至波谷进入迎流面,经过迎流过
渡区最终形成主要受迎流角影响的水流结构,而后达到下一个波
峰,再次受到背流面水流负压产生的水平涡影响。为了便于深入
理论研究,围绕迎流面上主要受迎流角影响的水流结构开展理论
推导。选取该水流结构稳定区域内沙波波面处任一点作为坐标原
点,建立研究区域的标准笛卡尔坐标系,沿水平方向定义 x 坐标
轴,正向为水流运动的方向,沿竖直方向定义 z 坐标轴,以重力方
向作为 z 轴负向,沿水流运动横断面方向定义 y 坐标轴,此次水流
流速分布研究主要涉及 x 轴和 z 轴的物理量,即考虑沙波迎流角
影响下流速的垂线二元分布。

　　已开展的一系列试验和实测数据结果表明,近底流区水流运
动的方向并不与 x 坐标方向平行,特别是与沙波波面临近的水流,
其运动方向大体与沙波波面方向平行,该现象表明沙波影响下水
流运动过程属于非均匀流,水面比降与能坡、等压线不再平行。以
标准笛卡尔坐标系原点为近底处子坐标系统的原点,该子系统为
标准笛卡尔坐标系旋转至横坐标轴与沙波波面重合所形成的,其
横坐标轴定义为 x_1 轴,与沙波波面垂直向上的为 z_1 坐标轴。假设
沙波迎流面所在的 x_1 轴与 x 轴夹角为 β ,坐标系统原点处对应的
水面比降为 $\tan\alpha$,则沿垂直方向与水面线相交处建立子坐标系
统,交点为该子系统的坐标原点,沿水面方向建立子坐标系统的横
轴 x_n 轴,选取与水面线垂直方向为 z_n 轴,并以垂直向上为 z_n 轴正
向,水表处所建立的子坐标系统 x_n 轴与标准笛卡尔坐标系统 x 轴
的夹角为 $\alpha + \beta$ 。

　　在水表子坐标系统和沙波波面处子坐标系统之间不同水深处

建立若干子坐标系统,该水深处水流流速矢量的方向定义为子坐标系统 x_i 轴,并以垂直 x_i 轴作为该子坐标系统 z_i 轴。即任意水深处子坐标系统 x_i 轴与标准笛卡尔坐标系 x 轴的夹角为流速偏移角 $\theta(z/h)$,其与沙波波面处子坐标系统 x_1 轴的夹角可表示为 $\theta(z/h) + \beta$,标准笛卡尔坐标系统和一系列子坐标系统的建立如图 5-19 所示。

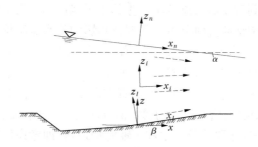

图 5-19　沙波迎流面流速垂线分布标准坐标系统与子坐标系统示意图

　　沙波波面处子坐标系统与标准笛卡尔坐标系统的转换关系经过简单的数学推导,可表示为

$$\begin{cases} x_1 = x\cos\beta + z\sin\beta \\ z_1 = z\cos\beta - x\sin\beta \end{cases} \tag{5-26}$$

　　假设某一水深处的子坐标系统 x_iOz_i 适用范围处于 Δh 中,则该子坐标系统与沙波波面处子坐标系统的转换关系为

$$\begin{cases} x_i = x_1\cos[\beta + \theta(z/h)] + z_1\sin[\beta + \theta(z/h)] \\ z_i = z_1\cos[\beta + \theta(z/h)] - x_1\sin[\beta + \theta(z/h)] + z \end{cases} \tag{5-27}$$

其与标准笛卡尔坐标系的转换关系为

$$\begin{cases} x_i = x\cos\theta(z/h) + z\sin\theta(z/h) \\ z_i = z\cos\theta(z/h) - x\sin\theta(z/h) + z \end{cases} \tag{5-28}$$

　　在子坐标系统 x_iOz_i 内,基于单位质量运动水体的受力和运动状态的分析,建立垂线二元水流运动方程组,可表示为

$$\frac{\partial \overline{u_i^2}}{\partial x_i} + \frac{\partial \overline{u_i' w_i'}}{\partial z_i} = -\frac{1}{\rho} \frac{\partial \overline{P}}{\partial x_i} + g \sin\left[\beta + \theta\left(\frac{z}{h}\right)\right] \quad (5\text{-}29)$$

$$\frac{\partial \overline{w_i^2}}{\partial x_i} + \frac{\partial \overline{w_i'^2}}{\partial z_i} = -\frac{1}{\rho} \frac{\partial \overline{P}}{\partial z_i} - g \cos\left[\beta + \theta\left(\frac{z}{h}\right)\right] \quad (5\text{-}30)$$

式中：u_i 和 w_i 分别为子坐标系统 $x_i O z_i$ 中沿 x_i 轴和 z_i 轴的流速分量；P 为压强；ρ 为密度；g 为重力加速度；"$-$" 为 Reynold 平均；"$\cdot{}'$" 为流速的脉动分量。

根据 Feng 和 Xiao[89] 关于水流压强沿程变化的研究成果，有

$$-\frac{1}{\rho} \frac{\partial \overline{P}}{\partial x_i} = g \tan\left[\beta - \theta\left(\frac{z}{h}\right)\right] \quad (5\text{-}31)$$

对子系统 $x_i O z_i$ 中 $\overline{u_i' w_i'}$ 项，常引入动量传递系数和流速梯度的乘积进行替代，有

$$\overline{u_i' w_i'} = -\varepsilon_{mi} \frac{\partial \overline{u_i}}{\partial z_i} \quad (5\text{-}32)$$

将式(5-31)和式(5-32)代入式(5-9)中，则

$$\frac{\partial \overline{u_i^2}}{\partial x_i} - \frac{\partial}{\partial z_i}\left(\varepsilon_{mi} \frac{\partial \overline{u_i}}{\partial z_i}\right) = g \tan\left[\beta + \theta\left(\frac{z}{h}\right)\right] + g \sin\left[\beta + \theta\left(\frac{z}{h}\right)\right] \quad (5\text{-}33)$$

根据伯努利方程，且子坐标系统 $x_i O z_i$ 横轴 x_i 轴与等压线平行，假设该子坐标系统范围内总能量沿程损耗速率一致，则沿 x_i 轴有

$$\frac{\partial \overline{u_i^2}}{\partial x_i} = 2g\left\{\cos(\alpha + \beta) - \cos\left[\beta + \theta\left(\frac{z}{h}\right)\right]\right\} z \quad (5\text{-}34)$$

联立式(5-33)和式(5-34)，可得

$$\frac{\partial}{\partial z_i}\left(\varepsilon_{mi} \frac{\partial \overline{u_i}}{\partial z_i}\right) = 2g\left\{\cos(\alpha + \beta) - \cos\left[\beta + \theta\left(\frac{z}{h}\right)\right]\right\} z -$$

$$gtan\left[\beta + \theta\left(\frac{z}{h}\right)\right] - gsin\left[\beta + \theta\left(\frac{z}{h}\right)\right] \quad (5-35)$$

对式(5-35)两端关于子坐标系统自变量 z_i 进行积分,得

$$\varepsilon_{mi}\frac{\partial \overline{u_i}}{\partial z_i} = 2g\left\{\cos(\alpha + \beta) - \cos\left[\beta + \theta\left(\frac{z}{h}\right)\right]\right\}zz_i -$$

$$gtan\left[\beta + \theta\left(\frac{z}{h}\right)\right]z_i - gsin\left[\beta + \theta\left(\frac{z}{h}\right)\right]z_i \quad (5-36)$$

进一步整理,得

$$\frac{\partial \overline{u_i}}{\partial z_i} = 2g\left\{\cos(\alpha + \beta) - \cos\left[\beta + \theta_i\left(\frac{z}{h}\right)\right]\right\}zz_i/\varepsilon_{mi} -$$

$$gtan\left[\beta + \theta_i\left(\frac{z}{h}\right)\right]z_i/\varepsilon_{mi} - gsin\left[\beta + \theta_i\left(\frac{z}{h}\right)\right]z_i/\varepsilon_{mi} \quad (5-37)$$

考虑到在任一子坐标系统 x_iOz_i 中,该坐标系统随着垂线分层的增加,适用范围的垂线空间越来越小,可认为该子坐标系统范围内动量传递系数 ε_{mi} 为水深 z 处的常值,与 z 直接相关,而与 z_i 无关,则式(5-37)可进一步表示为

$$\overline{u_i} = 2g\left\{\cos(\alpha + \beta) - \cos\left[\beta + \theta\left(\frac{z}{h}\right)\right]\right\}zz_i^2/\varepsilon_{mi} -$$

$$gtan\left[\beta + \theta\left(\frac{z}{h}\right)\right]z_i^2 + gsin\left[\beta + \theta\left(\frac{z}{h}\right)\right]z_i^2/\varepsilon_{mi} + c_1$$

$$(5-38)$$

式中: c_1 为积分常数。当子坐标系统位于沙波波面时,根据运动水流在固液边界处无滑移条件,有

$$c_1 = \frac{gtan\beta D_{50}^2 + gsin\beta k_s^2}{\varepsilon_{m1}} - \frac{2g[\cos(\alpha + \beta) - \cos\beta]k_s^2}{\varepsilon_{m1}} \quad (5-39)$$

式中: ε_{m1} 为沙波波面处子坐标系统 x_1Oz_1 处动量传递系数; k_s 为沙波波面肤面阻力对应的摩阻高度。

将式(5-38)表示的流速投影至标准笛卡尔坐标系统的 x 轴,

则有

$$\bar{u} = \cos\left[\beta + \theta\left(\frac{z}{h}\right)\right]\left\{\frac{2g\left\{\cos(\alpha+\beta) - \cos\left[\beta + \theta\left(\frac{z}{h}\right)\right]\right\}}{\varepsilon_{mi}}\right.$$

$$\left[z\cos\left[\beta + \theta\left(\frac{z}{h}\right)\right] - x\sin\left[\beta + \theta\left(\frac{z}{h}\right)\right] + z\right\} + \frac{g\tan\beta k_s^2 + g\sin\beta k_s^2}{\varepsilon_{m1}} -$$

$$\frac{g\tan\left[\beta + \theta\left(\frac{z}{h}\right)\right]z_i^2 + g\sin\left[\beta + \theta\left(\frac{z}{h}\right)\right]}{\varepsilon_{mi}}\left\{z\cos\left[\beta + \theta\left(\frac{z}{h}\right)\right] -\right.$$

$$x\sin\left[\beta + \theta\left(\frac{z}{h}\right)\right] + z\right\} - \frac{2g\left[\cos(\alpha+\beta) - \cos\beta\right]k_s^2}{\varepsilon_{m1}}\right\} \quad (5\text{-}40)$$

且

$$\bar{w} = \sin\left[\beta + \theta\left(\frac{z}{h}\right)\right]\left\{\frac{2g\left\{\cos(\alpha+\beta) - \cos\left[\beta + \theta\left(\frac{z}{h}\right)\right]\right\}}{\varepsilon_{mi}}\right.$$

$$\left\{z\cos\left[\beta + \theta\left(\frac{z}{h}\right)\right] - x\sin\left[\beta + \theta_i\left(\frac{z}{h}\right)\right] + z\right\} + \frac{g\tan\beta k_s^2 + g\sin\beta k_s^2}{\varepsilon_{m1}} -$$

$$\frac{g\tan\left[\beta + \theta\left(\frac{z}{h}\right)\right]z_i^2 + g\sin\left[\beta + \theta_i\left(\frac{z}{h}\right)\right]}{\varepsilon_{mi}}\left\{z\cos\left[\beta + \theta\left(\frac{z}{h}\right)\right] -\right.$$

$$x\sin\left[\beta + \theta\left(\frac{z}{h}\right)\right] + z\right\} - \frac{2gh\left[\cos(\alpha+\beta) - \cos\beta\right]k_s^2}{\varepsilon_{m1}}\right\} \quad (5\text{-}41)$$

式(5-40)和式(5-41)为标准笛卡尔坐标系统 xOz 下流速二元分布的解析解,其中动量传递系数的表达式为计算流速垂线分布的关键物理量。根据实测和试验数据可知,沙波迎流面脉动流速的 Reynold 平均量不再服从抛物型函数,与恒定均匀流差异较为明显,如图 5-20 所示。

标准笛卡尔坐标系统 xOz 条件下流速分量 u 和 w 与任一子坐

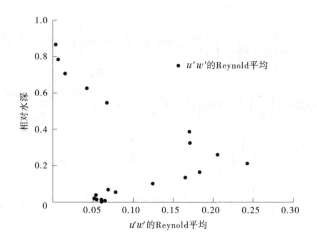

图 5-20　沙波迎流面 $\overline{u'w'}$ 的垂线分布试验数据

标系统 x_iOz_i 中流速分量 u_i 和 w_i 关于动量传递系数的表达式可分别表示为

$$\varepsilon_m = -\overline{u'w'} \Big/ \left(\frac{\partial u}{\partial z}\right) \tag{5-42}$$

$$\varepsilon_{mi} = -\overline{u_i'w_i'} \Big/ \left(\frac{\partial u_i}{\partial z_i}\right) \tag{5-43}$$

根据 Reynold 平均的定义, 有

$$\overline{u'w'} = \overline{uw} - \overline{u}\,\overline{w} \tag{5-44}$$

流速分量 u 和 w 与流速分量 u_i 和 w_i 本质上为同一流量矢量 $\vec{V}$ 在不同坐标系统上的投影, 即

$$\begin{cases} |\vec{V}|^2 = u^2 + w^2 = u_i^2 + w_i^2 \\ u = |\vec{V}|\cos\theta(z/h) \quad u_i = |\vec{V}|\cos[\beta + \theta(z/h)] \quad (5\text{-}45) \\ w = |\vec{V}|\sin\theta(z/h) \quad w_i = |\vec{V}|\sin[\beta + \theta(z/h)] \end{cases}$$

根据 Wang 和 Qian[90] 以及李丹勋[91] 关于脉动流速概率密度分布试验研究结果可知,中上层水流其脉动流速概率密度分布略微偏离正态分布,如图 5-21 所示,近底层水流其脉动流速概率密度分布或基本服从正态分布[90],或较正态分布的曲线稍有尖锐,如图 5-22 所示。部分学者尝试从能量传递的角度解释这种差异,认为中上部水体具有较高的流速,其向床面俯冲扫荡而引起纵向脉动流速概率密度分布的正偏和负偏。根据沙波试验和沙波理论的推导过程,为了便于理论推导和研究过程中采用的水流不可压缩条件在此问题的分析上存在一定的失真性,在试验值所表现出的规律上更多的是水流运动引起的水质点相互影响,在流速相对较弱的近底层,水质点运动的相对速度较小,垂线流速梯度较大,水质点之间的影响较弱,其脉动流速最接近正态分布,而中上部水体,水质点之间影响较为明显。采用双正态分布函数进行水质点相互影响的表征,绘于图 5-21 和图 5-22 中。结果表明,若包含仪器测量过程中探头的误差,则各家试验值更加符合双正态分布的特征,这也说明了独立水质点应该是基本服从正态分布的。

Wang 和 Qian 等[90] 各家所测量的纵向脉动流速和垂线脉动流速的概率密度分布显示,此两个方向脉动流速概率密度分布的方差 σ_u 基本一致。根据应用统计学的知识可知,服从正态分布的两个独立变量,由其组成的向量的模服从瑞利分布,则

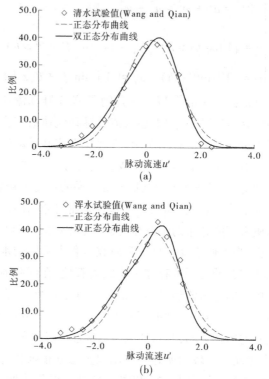

图 5-21　Wang 和 Qian 清水和浑水 (挟沙水流) 中上层脉动流
速概率密度分布试验值和函数拟合曲线的对比

$$\overline{u'w'} = \overline{uw} - \overline{u}\,\overline{w}$$

$$= \overline{|\vec{V}|\cos\theta(z/h)\,|\vec{V}|\sin\theta(z/h)} - \overline{|\vec{V}|\cos\theta(z/h)}\,\overline{|\vec{V}|\sin\theta(z/h)}$$

$$= (\overline{|\vec{V}|^2} - \overline{|\vec{V}|}\,\overline{|\vec{V}|})\cos\theta(z/h)\sin\theta(z/h) \qquad (5\text{-}46)$$

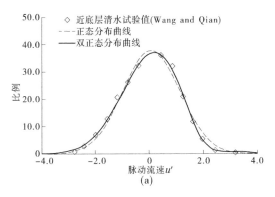

(a)

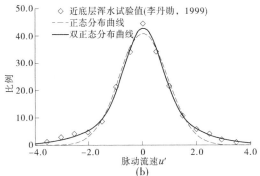

(b)

图 5-22 近底层脉动流速概率密度分布
试验值和函数拟合曲线的对比

$$\overline{u_i' w_i'} = \overline{u_i w_i} - \overline{u_i}\ \overline{w_i}$$

$$= \overline{|\vec{V}|\cos[\beta + \theta(z/h)]\,|\vec{V}|\sin[\beta + \theta(z/h)]} - $$

$$\overline{|\vec{V}|}\cos[\beta + \theta(z/h)]\,\overline{|\vec{V}|}\sin[\beta + \theta(z/h)]$$

$$= (\overline{|\vec{V}|^2} - \overline{|\vec{V}|\,|\vec{V}|})\cos[\beta + \theta(z/h)]\sin[\beta + \theta(z/h)]$$

$$(5\text{-}47)$$

考虑到实际水流运动过程中流速脉动概率密度分布水质点的

相互影响,同时这种影响还来自于上部水体流速矢量方向与下部水体的差异,其影响主要体现在以水质点脉动流速为研究对象的量化过程中,则有

$$\overline{|\vec{V}|^2} - \overline{|\vec{V}||\vec{V}|} = |\vec{V}|^2 / \left\{ \frac{z}{\sigma_u^2} \exp\left[-\frac{(z-z_p)^2}{2\sigma_u^2} \right] \right\} \quad (5\text{-}48)$$

式中:z_p 为偏移系数,子坐标系统中流速分量 u_i 向标准笛卡尔坐标系 x 轴的投影为 $u/\cos\theta(z/h)$,且

$$\frac{\partial z_i}{\partial z} = 1 + \cos\theta(z/h) \quad (5\text{-}49)$$

则

$$\frac{\partial u}{\partial z} = \frac{\partial u_i}{\partial z_i} \frac{\cos\theta(z/h)}{1 + \cos\theta(z/h)} \quad (5\text{-}50)$$

假设在子坐标系统范围内,流速垂线满足指数流速分布特征,经过简单的数学推导,则指数流速分布可以表达为

$$u = \frac{u_*}{\sqrt{C_D}} \frac{1 + m_{cw}}{h} \left(\frac{z}{h} \right)^{m_{cw}} \quad (5\text{-}51)$$

式中:m_{cw} 为指数流速垂线分布的指数系数,则子坐标系统范围内其流速梯度可表示为

$$\frac{\partial u_i}{\partial z_i} = \frac{u_*}{\sqrt{C_D}} \frac{(1 + m_{cw})m_{cw}}{h^2} \left(\frac{z_i}{h} \right)^{m_{cw}-1} \quad (5\text{-}52)$$

式中:u_* 为摩阻流速。

联立式(5-42)、式(5-43)、式(5-46)~式(5-48)、式(5-50)和式(5-52),动量传递系数可表示为

$$\varepsilon_m = \frac{Mh^2\sigma_u^2\sqrt{C_D}\cos[\beta + \theta(z/h)]\sin[\beta + \theta(z/h)]}{u_*\cos\theta(z/h)(1 + m_{cw})m_{cw}}$$

$$\left(\frac{z}{h} \right)^{-m_{cw}} \exp\left[\frac{(z-z_p)^2}{2\sigma_u^2} \right] \quad (5\text{-}53)$$

式中：M 和 σ_u 均为系数，由于流速分布公式用于斜坡非均匀流子坐标系，各系数通过恒定均匀流获得的取值范围已不再始终适用于沙波迎面流条件，若令 $a_\varepsilon = \dfrac{Mh^2\sigma_u^2\sqrt{C_D}}{u_*\,(1 + m_{cw})\,m_{cw}}$，$b_\varepsilon = \dfrac{1}{2\sigma_u^2}$，$m_\varepsilon = - m_{cw}$，则式（5-53）可进一步简化为

$$\varepsilon_m = \frac{a_\varepsilon\cos[\beta + \theta(z/h)]\sin[\beta + \theta(z/h)]}{\cos\theta(z/h)}\left(\frac{z}{h}\right)^{m_\varepsilon}\exp[b_\varepsilon(z - z_p)^2]$$

$$(5\text{-}54)$$

5.5　沙质河床非对称沙波条件下切应力分布

水流运动过程中，切应力作为表征水体紊动特征的物理量具有十分重要的意义，特别是挟沙水流的研究过程中，其对悬沙颗粒的运动状态影响显著，水流的剪切作用为泥沙颗粒提供了上举力和拖曳力，其表征的紊动特征又对泥沙颗粒的受力分析中关键参数（上举力系数和拖曳力系数）的确定直接相关，在环境水力学中该量又影响着游离态污染物的运动。若忽略近底含沙量对水流剪切过程的影响，则可根据其通用型表达式，将切应力表示为

$$\tau_{sr} = \rho\varepsilon_m\frac{\partial\overline{u}}{\partial z} =$$
$$\frac{a_\varepsilon\cos[\beta + \theta(z/h)]\sin[\beta + \theta(z/h)]}{\cos\theta(z/h)}\rho\left(\frac{z}{h}\right)^{m_\varepsilon}\exp[b_\varepsilon(z - z_p)^2]\frac{\partial\overline{u}}{\partial z}$$

$$(5\text{-}55)$$

联立式（5-40）和式（5-55），则可进一步得到沙波地形条件下水流切应力的垂线分布公式。

考虑到水流切应力还可以表示为流速通量的形式，有

$$\tau_{sr} = -\rho\overline{u'v'} = \rho\varepsilon_m\frac{\partial\overline{u}}{\partial z} \qquad (5\text{-}56)$$

则该通量可表示为

$$\overline{u'v'} = -\frac{a_{\varepsilon}\cos[\beta + \theta(z/h)]\sin[\beta + \theta(z/h)]}{\cos\theta(z/h)}$$
$$\left(\frac{z}{h}\right)^{m_{\varepsilon}}\exp[b_{\varepsilon}(z - z_p)^2]\frac{\partial\overline{u}}{\partial z} \tag{5-57}$$

联立式(5-40)和式(5-57),则可进一步得到解析解表达式,则切应力垂线分布的验证也可以通过通量的验证完成。

在单向流和往复流等水流作用下切应力垂线分布的计算中和摩阻流速的计算中,底部切应力都是一个相当重要的物理量。而在泥沙输运数学模型中,特别是水动力条件较为复杂水域的泥沙数值模拟,底部切应力在底床泥沙冲刷状态或淤积状态的率定起着关键性作用。

根据式(5-57),则近底切应力的数学表达式可写作

$$\tau_{sr,bed} = \frac{a_{\varepsilon}\cos[\beta + \theta(z_p/h)]\sin[\beta + \theta(z_p/h)]}{\cos\theta(z_p/h)}\rho\left[\left(\frac{z_p}{h}\right)^{m_{\varepsilon}}\right]\frac{\partial\overline{u}}{\partial z}\Big|_{z=z_p}$$
$$\tag{5-58}$$

根据式(5-58)的形式,则可进一步对相关系数通过实测数据率定。

由式(5-58)的公式形式可知,在非对称沙波中,当波长和波高固定时,随着沙波迎流角的逐步增大,对称型沙波$\beta = 45°$,则当近底流速梯度不变时,非对称沙波条件下的底部切应力将随着迎流角的增大而呈现先增大后减小的过程,其中在对称型沙波处达到最大值。同时,沿着沙波纵剖面的方式,切应力垂线分布和底部切应力也将沿程发生变化。

5.6　相关物理量分析与表达式验证

采用 Delft 实验室开展的迎面流流速分布试验和天津大学开展的沙波定床水槽试验,进行沙质河床非对称沙波地形条件下流速垂

线分布公式、切应力垂线分布公式以及相关物理量表达式的验证。

5.6.1　沙质河床非对称沙波地形上动量传递系数和紊动扩散项

根据试验数据中各测定层偏移角矫正和投影矫正,将水平测量得到的紊动扩散通量等物理量投影至子坐标系统,同时进行不同水深处流速梯度的计算,根据定义,计算沙波迎面流条件下的动量传递系数,并以此作为试验测定值,对所推导的理论公式相关系数进行不同区域的参数率定和动量传递系数计算值验证。动量传递系数表达式中相关系数率定值如表 5-5 所示。

表 5-5　动量传递系数表达式中相关系数率定值

组次	a_ε	m_ε	b_ε	z_p
$L = 0.82$ m	0.159	1.845	0.883	0.616
$L = 0.97$ m	0.108	1.642	0.686	0.739
$L = 1.12$ m	0.267	2.034	0.844	0.614
$L = 1.27$ m	0.135	2.060	0.642	0.731

经过率定的动量传递系数表达式能够较好地反映沙波迎面流不同区域水流运动过程中动量传递系数的垂线分布特征,如图 5-23 所示,在进入迎面流流速分布稳定区域后,迎面流在标准坐标系下投影得到的流速动量传递系数分布规律与 Van Rijn 在往复流水槽中通过试验测定并通过定义反算的动量传递系数规律近似,在水体中上部趋于某一定值。随着水流向下游运动,动量传递系数的垂线分布向丰青总结的单调递增型垂线分布特征转变,充分说明了迎面流沿程变化的动态性和迎面流紊动特征的多样性。

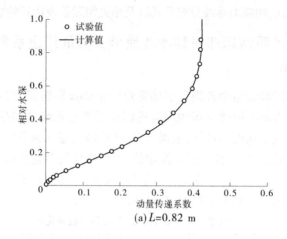

(a) L=0.82 m

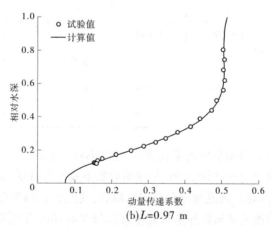

(b) L=0.97 m

**图 5-23　沙波迎流面动量传递系数垂线
分布 Delft 试验值和公式计算值验证**

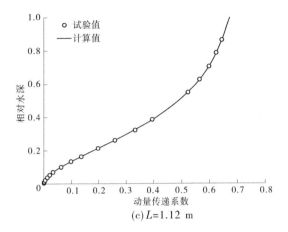

(c) $L=1.12$ m

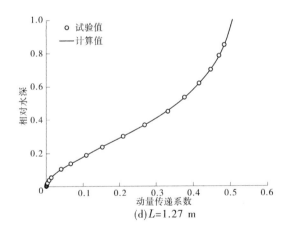

(d) $L=1.27$ m

续图 5-23

　　考虑到紊动扩散通量 $\overline{u'v'}$ 可通过直接测量的流速高频数据计算得到,此处认为 Delft 试验人员已进行过噪声过滤及数据插补等基础工作,则将已率定的动量传递系数和流速垂线分布公式进行联立,并采用试验报告中提供的数据进行验证,如图 5-24 所示。

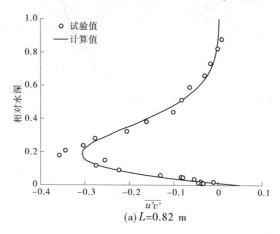

(a) L=0.82 m

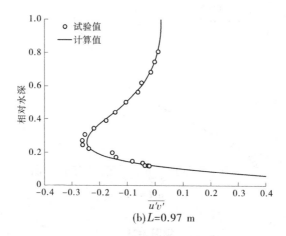

(b) L=0.97 m

图 5-24 沙波迎流面紊动扩散通量 $\overline{u'v'}$

垂线分布 Delft 试验值和公式计算值验证

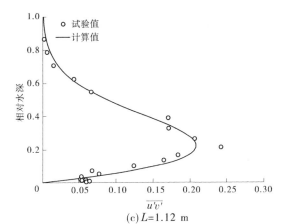

(c) $L=1.12$ m

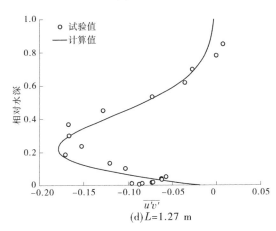

(d) $L=1.27$ m

续图 5-24

5.6.2 沙质河床非对称沙波上流速垂线分布的验证

采用 Delft 水槽试验迎流面过渡区至稳定区的流速垂线分布
进行计算公式的验证,选取稳定区域内底部和表层测量数据相对
完整的组次进行公式的验证,如图 5-25 所示。验证结果表明,所

推导的公式能够较好地反映斜坡上水流流速的垂线分布形态。

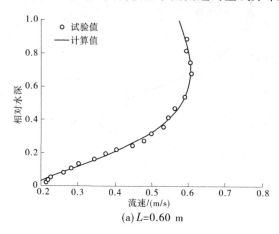

(a) $L=0.60$ m

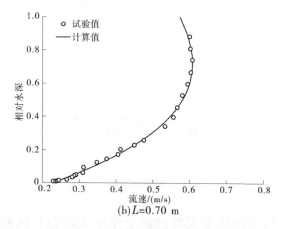

(b) $L=0.70$ m

图 5-25　沙波迎流面流速垂线分布 Delft
试验值和公式计算值验证

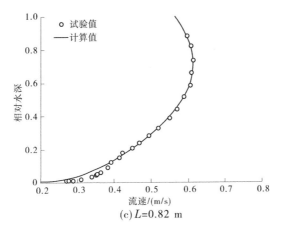

(c) L=0.82 m

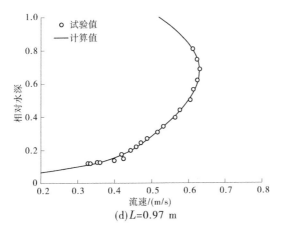

(d) L=0.97 m

续图 5-25

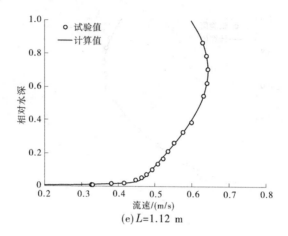

(e) L=1.12 m

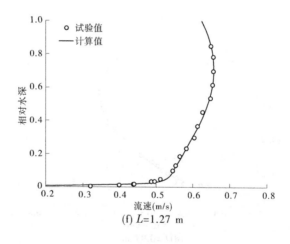

(f) L=1.27 m

续图 5-25

　　与迎流面不同,背流面流速垂线分量受沙波波峰处流速分离点的影响,垂线上存在反向的水流运动,在背流面近沙波波峰处

(如 $L=0.06$ m)垂线上流速的流向偏移还不是足够明显,但在沙
波背流面靠近沙波波谷处(如 $L=0.13$ m),背流面反向环流已经
发展到影响整个水流的垂线分布特征,等价于方向相反的紊动叠
加,可视作两个相互独立服从正态分布脉动水质点的联合分布,则
可采用瑞利分布函数进行背流面流速偏移角函数的表达,采用
Delft 试验值进行验证,如图 5-26 所示。根据背流面流速偏移角函
数,类比迎流面流速垂线分布公式结构,得到背流面流速垂线分
布,实测值和计算值对比如图 5-27 所示。由于背流面近壁环流与
主流区流速存在较显著的非线性剪切效应,流速验证效果不如迎
流面流速验证吻合度,但整体上还是能够体现水流在离开流速分
离点后,背流面处水流垂向上流向改变对流速垂线分布结构的
影响。

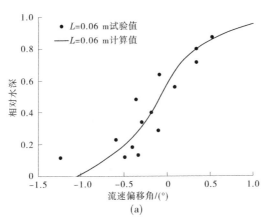

图 5-26　沙波背流面处流速偏移角垂线分布
Delft 试验值和公式计算值验证

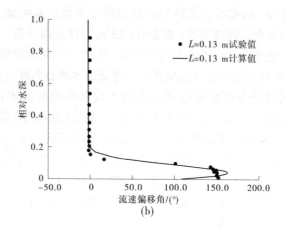

(b)

续图 5-26

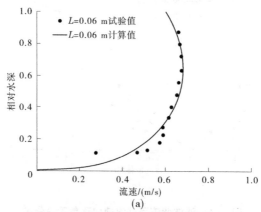

(a)

图 5-27 沙波背流面处流速垂线分布
Delft 试验值和公式计算值验证

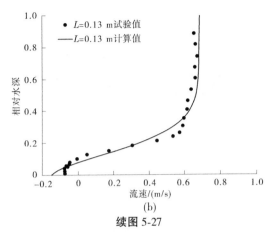

(b)

续图 5-27

根据沙质河床非对称沙波影响的流速分布及紊动分布公式的
推导过程可知,沙质河床非对称沙波的阻力特征不仅体现在水流
整体流速的降低,同时其通过改变近底水流紊动结构的方式改变
了水流的近底切应力,则采用野外型号实测得到的流速进行河道
水流近底切应力的估算,进而估算泥沙起动和冲淤的结果。由于
沙质河床非对称沙波的影响,将会因没有充分研究沙质河床非对
称沙波对近底边界层的影响而出现低估或高估。

第 6 章　沙质河床沙波地形条件下悬沙浓度垂线分布

　　沙质河床与砾石河床、淤泥河床不同,砾石河床的河道内,除大中型洪水塑造的洪峰过境或类似伪一相流的高含沙水流以洪水波的方式沿程传播时河床将发生较大变化外,大多数来水来沙条件下均大体处于较为稳定的状态;淤泥质河床多出现在河口海岸地区,如天津港和江苏连云港附近海域,由于在近岸波浪及波生流等近岸流系的支配下,底床常以近底液化土体和沙纹的形式出现,其沙波尺度较小,沙波波长通常为表面水波波长的几十分之一。沙质河床则由于泥沙颗粒粒径相对淤泥质河床略粗,可以形成高含沙水流,同时水下散粒体可通过泥沙颗粒的内摩擦作用形成角度较为显著的沙波河床,进而对水流产生影响。

6.1　床面形态对悬沙浓度垂线分布的影响方式

　　河道按照床面形态可以分为两类:一类为平底河床或近似可以视作平底,另一类为沙波河床,即河床表面呈一定规律凸凹变化。根据天然河流野外现场观测资料可知,大多数沙质河床多为形式各异的沙波地形,河道内的沙波多呈现三维分布特性。考虑到三维沙波特征的复杂性,其生产和发展条件不同,为了方便开展理论讨论,此处以沿河流流动方向沿程呈二维纵向沙波作为研究对象开展悬沙浓度垂线分布的理论研究。

床面形态与来流水动力共同决定着近底边界层的水流结构,一定意义上说,床面形态直接决定着近底边界层的水流紊动强度。在河道内,就风浪的影响而言,河道水面积直接制约着有效风区的长度,同时河道内水深整体较海岸地区更浅,则形成的波高和波周期均为较小的数量级,其波周期一般不大于 6 s。在以径流为主体的河道内,近底水流边界层的紊动可认为已充分发育,其紊动影响可以涵盖整个水深。床面沙波地形较平面地形有着明显的增阻效应,随着阻力的增加,其对应的近底水流流速梯度变化显著,紊动强度显著增大,这种紊动的增强一方面更有利于泥沙的悬浮,另一方面则在河床的自我调整过程中,所形成的沙波地形向水体中提供的泥沙能力则逐步降低,最终达到动态平衡状态。根据目前最新的泥沙近底通量交换过程研究进展,河道底床床面泥沙处于动平衡状态为冲刷强度和淤积强度总体持平的整体表现,对床面来讲,泥沙颗粒的冲淤过程是同时发生的,即一部分泥沙离开床面,而另一部分泥沙落淤床面,整体上河底高程变化不大,呈现稳定状态。这种影响则直接关系到床面近底处的悬沙浓度,由于该值与推移质层内含沙量量级相当,故在悬沙浓度研究过程中,无论是否存在推移质,近底处悬沙浓度已成为表征河床悬沙浓度的指标之一。

6.2 沙波地形条件下的泥沙扩散系数

床面形态导致近底水流结构发生变化,进一步影响水体中悬浮泥沙的扩散过程。紊流中的悬移质扩散和动量交换都属紊动扩散现象,所不同的是,前者为质量扩散,后者是动量扩散,描述两种过程的数学表达式在形式上非常相似,表达式中的扩散系数和动量传递均取决于产生扩散现象的原动力,即紊动涡体的掺混情况。

因此,在许多水沙分布理论研究或水沙动力数值模拟中,常认为两者相当或呈一定比例关系。

6.2.1　泥沙扩散系数与动量传递系数

由经典的 Rouse 方程出发,不少学者在悬沙浓度垂线分布问题的理论研究和经验公式的构建过程中,常采用动量传递系数近似或直接等于泥沙扩散系数的方式完成该重要系数的数学表达。较为常用的有 Van Rijn 公式[8],Van Rijn 引入表征泥沙颗粒扩散过程和水质子扩散过程差异的因子和与背景含沙量相关的表示泥沙颗粒影响水流紊动结构的因子,对动量传递系数进行修正后,得出泥沙扩散系数表达式,该式由于计算精度可信、参数计算简洁等优势,已大量应用于行业内数学模型的基本方程中,但该式未充分考虑沙波等因素对近底水流紊动结构的影响。Wang 和 Qian[90] 开展的浑水条件下的泥沙颗粒运动的脉动速度概率密度分布研究结果显示,泥沙颗粒运动脉动速度概率密度分布与清水水质点的脉动流速概率密度分布存在一定差异;丰青[84] 在对 I 型和 II 型河道内悬沙浓度垂线分布进行理论分析的过程中,对泥沙扩散系数和动量传递系数的差异进行了探讨,根据定义可知,水流的动量传递系数的定义式可表示为

$$\varepsilon_m = -\overline{u'w'} / \left(\frac{\partial u}{\partial z} \right) \tag{6-1}$$

悬沙对流扩散过程中的泥沙扩散系数的定义可表示为

$$\varepsilon_s = -\overline{u'_s c'} / \left(\frac{\partial c}{\partial z} \right) \tag{6-2}$$

式中: c 为悬沙浓度; ε_s 为泥沙扩散系数; u'_s 为泥沙颗粒的运动速度。

对比式(6-1)和式(6-2)可知,两者数学表达式的结构基本一致,而物理意义却有所不同。在泥沙扩散系数的定义式中,泥沙颗

粒的运动速度与水流流速是否能够直接按照相等处理,特别是泥沙颗粒运动速度的脉动速度以及脉动强度是否一致,仍有待进一步研究。随着水流流速测量仪器精度和稳定性能的不断提升,水流脉动速度和泥沙颗粒脉动速度的差异能够较好地通过观测体现出来。

6.2.2　沙波地形条件下的泥沙扩散系数

Nakagawa 和 Nezu[92]开展水槽试验对水流紊动流速进行了测量,并得出了半经验的指数公式以表示清水中流速的脉动强度,公式写为

$$
\begin{cases}
\dfrac{\sqrt{\overline{u_c'^2}}}{u_*} = 2.30\exp\left(-\dfrac{z}{h}\right) \\[4mm]
\dfrac{\sqrt{\overline{v_c'^2}}}{u_*} = 1.27\exp\left(-\dfrac{z}{h}\right)
\end{cases}
\tag{6-3}
$$

式中:u_c' 和 v_c' 分别为清水中水流沿水平方向和垂直方向的脉动速度,其时均方根值与摩阻流速的无量纲比值为脉动强度。

对于均匀明渠流,Nezu 和 Nakagawa[93]认为流速脉动强度分布应服从指数规律,Kironoto 和 Graf[94]在粗糙底床上进行了相似的试验,得到了结构相近但参数不同的流速脉动强度分布的表达式,为

$$
\begin{cases}
\dfrac{\sqrt{\overline{u_c'^2}}}{u_*} = 2.04\exp\left(-0.97\dfrac{z}{h_\delta}\right) \\[4mm]
\dfrac{\sqrt{\overline{v_c'^2}}}{u_*} = 1.14\exp\left(-0.76\dfrac{z}{h_\delta}\right)
\end{cases}
\tag{6-4}
$$

式中:h_δ 为沿水深方向流速最大值距底床的距离。

在悬浮泥沙浓度较低的浑水水体中,虽然水体黏性有轻微的变化,但挟沙水流仍旧属于牛顿流体。挟沙水流中涡的尺度与清水中近似,同时泥沙扩散的过程可以视作与水流紊动传递过程近似。依据 Cellino 和 Graf[95],Graf 和 Cellino[96],Nikora 和 Goring[97]等在试验中测量的动量传递系数和泥沙扩散系数,泥沙颗粒的脉动流速强度公式结构能够近似假设为水流脉动强度公式的形式。然而,代表泥沙团扩散程度的泥沙颗粒脉动特征可能与水流脉动特征不同,特别是近底处脉动特征的变化趋势。根据李丹勋[91]的试验结果,泥沙颗粒水平方向和垂线方向运动速度的脉动强度可以表示为

$$
\begin{cases}
\dfrac{\sqrt{\overline{u_s'^2}}}{u_*} = D_5 \eta^{p_1} \exp(-\lambda_{su} \eta^{q_1}) \\[4mm]
\dfrac{\sqrt{\overline{v_s'^2}}}{u_*} = D_6 \eta^{p_2} \exp(-\lambda_{sv} \eta^{q_2})
\end{cases}
\tag{6-5}
$$

式中:q_1 和 q_2 分别为水平方向和垂线方向泥沙扩散衰减系数,其主要受到悬浮泥沙浓度、泥沙中值粒径及级配的影响;u_s' 和 v_s' 分别为挟沙水流中水平方向和垂线方向泥沙颗粒运动速度脉动分量;p_1 和 p_2 为垂线修正因子;D_5、D_6、λ_{su} 和 λ_{sv} 为经验系数。

假设在二维垂线泥沙运动中,泥沙的水平扩散强度小于其垂线扩散强度,则悬浮泥沙浓度的控制方程可写作

$$
\frac{\partial c}{\partial t} = -\frac{(\partial v_s c)}{\partial z} + \omega_s \frac{\partial c}{\partial z}
\tag{6-6}
$$

式中:ω_s 为挟沙水流中泥沙沉降速度;c 为悬浮泥沙浓度;v_s 为泥沙运动速度的垂线分量。

悬浮泥沙浓度和泥沙运动速度的垂向分量可以写为时均值和脉动值之和的形式,即

$$\begin{cases} c = \bar{c} + c' \\ v_s = \bar{v}_s + v'_s \end{cases} \tag{6-7}$$

将式(6-7)代入式(6-6)中,取长周期时间平均,则式(6-6)有

$$\frac{\partial \bar{c}}{\partial t} = -\frac{\overline{(\partial v'_s c')}}{\partial z} + \omega_s \frac{\partial \bar{c}}{\partial z} \tag{6-8}$$

若挟沙水流中悬浮泥沙浓度处于稳定状态,则式(6-8)可进一步写为

$$\frac{\overline{(\partial v'_s c')}}{\partial z} = \omega_s \frac{\partial \bar{c}}{\partial z} \tag{6-9}$$

悬浮泥沙浓度的脉动分量可以理解为部分泥沙颗粒的脉动引起的含沙量变化。在物理意义上,悬浮泥沙浓度的脉动分量属于宏观现象,而泥沙颗粒脉动速度属于微观过程,在恒定流时,单位体积中泥沙浓度的变化等价于泥沙颗粒群的脉动,根据 $\overline{v'_s v'_s}$ 的公式结构, $\overline{v'_s c'}$ 的数学表达式可写为

$$\overline{v'_s v'_s} = u_*^2 (D_6)^2 \eta^{2p_2} \exp(-2\lambda_{sv} \eta^{q_2}) \tag{6-10a}$$

$$\overline{v'_s c'} = N_s \rho_s u_* \eta^{p_s} \exp(-\lambda_s \eta^{q_s}) = G(\eta) \tag{6-10b}$$

式中: N_s 为单位体积内挟沙水流中对悬浮泥沙浓度的改变存在有效脉动的泥沙颗粒数; ρ_s 为泥沙颗粒的密度; p_s 、q_s 和 λ_s 为经验系数。

将式(6-9)与式(6-10b)联立,得

$$-\frac{\partial G(\eta)}{\partial \eta} + \omega_s \frac{\partial \bar{c}}{\partial \eta} = 0 \tag{6-11}$$

或

$$\frac{\partial \bar{c}}{\partial \eta} = \frac{1}{\omega_s} \frac{\partial G(\eta)}{\partial \eta} \tag{6-12}$$

与动量传递系数进行类比,泥沙扩散系数的定义可以表示为

悬浮泥沙浓度梯度与泥沙脉动通量时均值之比,即

$$\overline{v_s' c'} = -\varepsilon_s \frac{\partial \overline{c}}{h \partial \eta} \tag{6-13}$$

将式(6-12)与式(6-13)联立,可得

$$h\omega_s \frac{\partial \overline{c}}{\partial \eta} = -\frac{\partial \varepsilon_s}{\partial \eta} \frac{\partial \overline{c}}{\partial \eta} - \varepsilon_s \frac{\partial^2 \overline{c}}{\partial \eta^2} \tag{6-14}$$

将式(6-13)代入式(6-14)中,则得到关于泥沙扩散系数的非齐次常微分方程,其表达式为

$$\frac{\partial \varepsilon_s}{\partial \eta} + \varepsilon_s \frac{1}{\dfrac{\partial G(\eta)}{\partial \eta}} \frac{\partial^2 G(\eta)}{\partial \eta^2} = -h\omega_s \tag{6-15}$$

采用常数变易法,常微分方程式(6-15)的通解可写为

$$\varepsilon_s = \frac{-h\omega_s G(\eta) + C_9}{\dfrac{\partial G(\eta)}{\partial \eta}} \tag{6-16}$$

式中: C_9 为积分常数。

根据普遍认知的近底扩散现象,作为紊动扩散的发源地,近底处悬浮泥沙浓度较大,近底处的泥沙扩散系数可假设为0,则泥沙扩散系数的极限形式可表示为

$$\lim_{\eta \to 0} \varepsilon_s = \lim_{\eta \to 0} \frac{-h\omega_s G(\eta) + C_9}{\dfrac{\partial G(\eta)}{\partial \eta}} = 0 \tag{6-17}$$

为了保证式(6-17)极限的有效性,积分常数 C_9 应该为0。将 $G(\eta)$ 的表达式代入式(6-16),则泥沙扩散系数的通解形式为

$$\varepsilon_s = \frac{h\omega_s \eta}{\lambda_s q_s \eta^{q_s} - p_s} \tag{6-18}$$

此时,与之对应的水流动量传递系数可表示为

$$\varepsilon_m = -\overline{u'w'}\Big/\left(\frac{\partial u}{\partial z}\right) = c_l \exp\left(-c_c\frac{z}{h}\right)\Big/\left[u_{max}m\left(\frac{z}{h}\right)^{m-1}\right]$$

$$(6\text{-}19)$$

式中：c_l 为正切向紊动强度比系数；c_c 为流速侧向通量修正系数。

则可知一般意义上泥沙扩散系数和动量传递系数的关系可表示为

$$\frac{\varepsilon_s}{\varepsilon_m} = \frac{c_l h \omega_s z/h}{\lambda_s q_s \eta^{q_s} - p_s}\left[u_{max}m_\varepsilon\left(\frac{z}{h}\right)^{m_\varepsilon-1}\right]\Big/\exp\left(-c_c\frac{z}{h}\right) \quad (6\text{-}20)$$

根据前述沙波地形条件下动量扩散系数的理论研究结论，则对应的沙波地形条件泥沙扩散系数的表达式可表示为

$$\varepsilon_s = \frac{a_\varepsilon \cos[\beta + \theta(z/h)]\sin[\beta + \theta(z/h)]}{\cos\theta(z/h)\exp(-c_c z/h)}\left(\frac{z}{h}\right)^{m_\varepsilon}\exp[b_\varepsilon(z -$$

$$z_p)^2]\frac{c_l h \omega_s z/h}{\lambda_s q_s \eta^{q_s} - p_s}\left[u_{max}m_\varepsilon\left(\frac{z}{h}\right)^{m_\varepsilon-1}\right] \quad (6\text{-}21)$$

6.3　沙波地形条件参考高度和参考浓度的确定

在挟沙水流悬沙浓度垂线分布的研究中，除泥沙扩散系数、颗粒群体沉速等重要的物理量外，悬沙浓度参考高度及参考浓度值的选取则显得非常重要。在平底地形条件下，较为理想的参考高度一般选取推移质表层的位置，同时选取该位置处的含沙量作为参考浓度值，实际上，底部推移质厚度层的确定较为困难。

Einstein 基于有效底床移动参数提出了沙波条件下参考高度和参考浓度的计算公式，由于采用瞬时参量表示，在计算过程中，不易直接使用；Van Rijn 通过试验研究发现，沙波地形上悬沙浓度垂线分布参考高度和参考浓度较平底地形有所差异，并通过大量

的野外实测资料和水槽试验数据,建立了沙波地形条件下参考高度为一半沙波高度处的悬沙参考浓度经验计算公式,可表示为

$$c_a = 0.015 \frac{D_{50}}{h_a} \frac{T^{1.5}}{D_*^{0.3}} \qquad (6\text{-}22)$$

式中: h_a 为参考高度,一般取沙波高度的一半; c_a 为参考悬沙浓度(此处采用体积浓度), D_* 为与泥沙颗粒粒径相关的无量纲参数; T 为与底切应力相关的无量纲参数,可表示为

$$T = \frac{\tau_b - \tau_{b,cr}}{\tau_{b,cr}} \qquad (6\text{-}23)$$

$$\tau_b = \rho g (\bar{u}/C_x)^2 \qquad (6\text{-}24)$$

$$C_x = 18\log(12h/3D_{90}) \qquad (6\text{-}25)$$

$$D_* = D_{50}[(\rho_s/\rho - 1)g/v^2]^{1/3} \qquad (6\text{-}26)$$

式中: τ_b 为近底有效切应力; $\tau_{b,cr}$ 为与 Shields 数相关的临界起动切应力; C_x 为与泥沙粒径相关的谢才系数; v 为运动黏滞系数。

　　采用本次水槽试验测量的底部含沙量数据和沙波几何尺度及水流流速等数据,对式(6-22)进行检验,结果表明,式(6-22)的计算结果较实测数据偏大,存在高估的现象(见表 6-1)。

表 6-1　式(6-22)计算值和本次水槽试验值对比

流速/(m/s)	水深/m	含沙量/(kg/m³)	T	c_a/(kg/m³)
0.145	0.5	3.62	0.24	4.18
0.142	0.4	4.03	0.29	4.60
0.226	0.3	7.11	0.42	8.02
0.101	0.5	1.16	0.15	1.71

　　考虑到参考浓度计算结果对含沙量垂线分布的影响较为显著,为提高参考浓度计算结果的精度,对式(6-22)～式(6-26)进行进一步分析。可以看出,式中存在较多的经验参数,为了降低计算误差,此处引入与模型沙直接相关的修正系数,对计算结果进行修

正,修正后的计算结果和实测数据的对比如图 6-1 所示,计算精度
已有较为显著的提高,能够满足针对该类阴离子树脂模型沙的试
验结果开展悬沙浓度垂线分布计算。

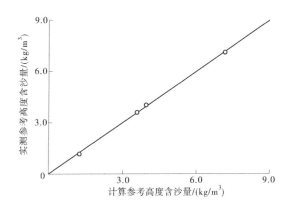

图 6-1 修正后的参考高度含沙量计算值与本次试验实测值对比

6.4 沙波地形条件下悬沙浓度垂线分布

根据悬浮泥沙的受力分析和运动状态可知,沙波地形条件下
悬沙运动的控制方程与平底条件下的控制方程形式上相同,不同
的主要为底部边界条件的选取和确定,考虑到所研究对象主要为
低含沙水流的泥沙运动,则在悬沙浓度分布的研究过程中,并不突
出挟沙水流中泥沙颗粒固相和水流液相之间的相间差异,以便于
数学推导的进行。

6.4.1 悬沙对流扩散控制方程

倪晋仁等[98]在综合比较分析扩散理论、混合理论、能量理论、
相似理论和随机理论等五类理论后认为,尽管各种理论的出发点

不同,但最后都能得到或接近推得扩散方程的结构形式,并证明采用扩散理论研究含沙量垂线分布规律的可行性。采用扩散理论研究含沙量垂线分布表达式,一般利用理论假设的方式将三维扩散方程化简或利用紊动扩散理论结合菲克第二定律得到一维扩散方程,进而求解含沙量垂线分布表达式。

　　一般来讲,悬浮泥沙运动的控制方程依旧可以采用菲克扩散定律,若不考虑流速沿水流横向分量的变化,则有

$$\frac{\partial c}{\partial t} + u_s \frac{\partial c}{\partial x} - \omega_s \frac{\partial c}{\partial z} = \frac{\partial}{\partial x}\left(\varepsilon_{s,x} \frac{\partial c}{\partial x}\right) + \frac{\partial}{\partial y}\left(\varepsilon_{s,y} \frac{\partial c}{\partial y}\right) + \frac{\partial}{\partial z}\left(\varepsilon_{s,z} \frac{\partial c}{\partial z}\right)$$

$$(6\text{-}27)$$

　　以悬浮泥沙沿程垂线二维分布特征为研究重点,式(6-27)可以简化为

$$\frac{\partial c}{\partial t} + u_s \frac{\partial c}{\partial x} - \omega_s \frac{\partial c}{\partial z} = \frac{\partial}{\partial x}\left(\varepsilon_{s,x} \frac{\partial c}{\partial x}\right) + \frac{\partial}{\partial z}\left(\varepsilon_{s,z} \frac{\partial c}{\partial z}\right) \quad (6\text{-}28)$$

　　假设悬浮泥沙的浓度梯度沿程为 0,同时对式(6-28)进行时间平均,则悬浮泥沙的浓度垂线分布控制方程可写作

$$\varepsilon_{s,z} \frac{\partial^2 c}{\partial z^2} + \frac{\partial \varepsilon_{s,z}}{\partial z} \frac{\partial c}{\partial z} + \omega_s \frac{\partial c}{\partial z} = 0 \quad (6\text{-}29)$$

　　对式(6-29)两端分别沿垂线变量 z 进行积分,同时考虑水表边界条件:悬浮泥沙浓度的垂线梯度在水表处为 0,则式(6-29)可简化为

$$\varepsilon_s \frac{\partial c}{\partial z} + \int \omega_s \frac{\partial c}{\partial z} \mathrm{d}z = 0 \quad (6\text{-}30)$$

式(6-30)中采用 ε_s 表示 $\varepsilon_{s,z}$,以表示一维悬沙扩散方程中的泥沙扩散系数。

6.4.2　沙波地形条件下悬沙浓度垂线分布

　　若假设悬浮泥沙的沉降速度在整个水体中为常数,对

式(6-30)整理并积分,则悬浮泥沙浓度的垂线分布可推导为

$$c(z) = c(z_{ref}) \exp\left(-\int_{z_{ref}}^{z} \frac{\omega_s}{\varepsilon_{s,w}} dz\right) \qquad (6-31)$$

式中:$c(z)$ 为悬浮泥沙在水深为 z 处的浓度;$c(z_{ref})$ 为参考高度在 z_{ref} 处的悬浮泥沙参考浓度。

若悬沙浓度在近底处较高,则泥沙颗粒的沉速将与悬沙浓度相关,该影响关系常采用 Richardson-Zaki 方程进行表示,为

$$\omega_s = \omega_{s,s} c(1-c)^4 \qquad (6-32)$$

式中:$\omega_{s,s}$ 为单颗粒泥沙的沉速,则式(6-30)可进一步写为

$$\varepsilon_s \frac{\partial c}{\partial z} + \omega_{s,s} c(1-c)^5 = 0 \qquad (6-33)$$

进一步整理,有

$$\left[\frac{1}{c} + \sum_{i=1}^{5} \frac{1}{(1-c)^i}\right] \frac{\partial c}{\partial z} = -\frac{\omega_{s,s}}{\varepsilon_s} \qquad (6-34)$$

对上式两端同时进行积分,有

$$\left[\ln c - \ln(1-c) - \sum_{i=1}^{4} \frac{1}{i(1-c)^i}\right] = -\int \frac{\omega_{s,s}}{h\varepsilon_s} dz + const \qquad (6-35)$$

引入参考高度和参考浓度,则有

$$\ln \frac{c[1-c(z_{ref})]}{c(z_{ref})(1-c)} - \sum_{i=1}^{4} \frac{1}{i(1-c)^i} + \sum_{i=1}^{4} \frac{1}{i[1-c(z_{ref})]^i} = -\int_{z_{ref}}^{z} \frac{\omega_{s,s}}{h\varepsilon_s} dz \qquad (6-36)$$

当体积比含沙量远小于1时,则

$$c = \frac{c(z_{ref})}{1-c(z_{ref})} \exp\left[-\frac{\omega_{s,s}}{h\varepsilon_s}(z-z_{ref})\right] \Bigg/ \left[1 + \frac{c(z_{ref})}{1-c(z_{ref})}\right.$$
$$\left. \exp\left(-\int_{z_{ref}}^{z} \frac{\omega_{s,s}}{h\varepsilon_s} dz\right)\right] \qquad (6-37)$$

式(6-37)与式(6-21)联立,可计算沙波地形条件下悬沙浓度垂线分布,考虑到式(6-21)代入式(6-37)后的定积分不易通过初等函数进行直接表达,在计算过程中,采用隐函数格式对该积分进行求解。

6.4.3　相关物理量验证与分析

采用已公开发表的挟沙水流水槽试验实测数据和天然河流中的实测资料对基于脉动强度试验统计推导的公式进行验证。为了验证描述泥沙颗粒脉动强度的式(6-5)的精度和合理性,采用李丹勋[91]的试验实测数据验证泥沙颗粒和泥沙团的脉动与紊动特征。Graf 和 Cellino[96],Nikora 和 Goring[97],以及黄河、Enoree 河的实测数据被认为是泥沙扩散系数的代表数据,此处用于验证式(6-21)的适用性。Cellino 和 Graf 利用水槽试验对比研究了非饱和及饱和挟沙水流条件下的泥沙分布特征。采用 Cellino 和 Graf 的方法及试验数据对不同悬浮泥沙浓度条件式(6-37)的适用性进行验证,对公式中变量进行进一步分析。

6.4.3.1　李丹勋悬浮泥沙浓度垂线分布水槽试验验证

李丹勋[91]运用粒子追踪流速测定仪(简称 PTV)测量了单向均匀流条件下不同中值粒径泥沙颗粒的脉动特征和悬浮泥沙浓度垂线分布。为了能够尽量避免试验中二次流的影响,试验中水流条件基本保持宽深比为 4 左右。李丹勋测量了 0.1 mm、0.3 mm、0.5 mm、0.7 mm、1.0 mm 和 1.5 mm 等六种不同中值粒径泥沙颗粒的脉动强度,并采用 Nezu 提出的清水紊动经验分布公式表示泥沙颗粒的脉动,由于其所采用分布公式为单调函数,所得部分计算结果在近底处与实测数据差异较大。式(6-5)中垂线修正因子将会改进近底处脉动强度计算值的趋势,并避免较大的误差产生。水平方向和垂线方向脉动强度的实测值和式(6-5)的计算值的比较分布如图 6-2 和图 6-3 所示。其中,图 6-2(a)与图 6-3(a)采用中值粒径为 0.1 mm、0.3 mm、0.5mm 的泥沙颗粒开展试验,图 6-2(b)与图 6-3

(b)采用中值粒径为 0.7 mm、1.0 mm、1.5 mm 的泥沙颗粒开展试验。为便于绘图,图中坐标原点沿水平轴平移 0.5 个单位,以更清晰地对比公式计算结果和实测值差异。基于图中关于泥沙颗粒脉动强度的分布,可以明显地发现水平脉动强度比垂线脉动强度特征更为复杂,这也与 Wang 等[90]的结论一致,较粗的泥沙颗粒的脉动强度变化与清水中得到的紊动经验关系式更为符合。由验证对比可知,式(6-5)能够表达脉动强度最大值不在底处的情况。图 6-4(a)与图 6-4(b)分别为中值粒径 $d_{50}=0.1$ mm、0.3 mm、0.5 mm 和 $d_{50}=0.7$ mm、1.0 mm、1.5 mm 时悬浮泥沙浓度垂线分布实测数据与计算值验证图。可以看出,式(6-37)的计算值与实测数据具有较好的吻合度。随着泥沙颗粒中值粒径的增大,悬浮泥沙浓度垂线分布的不对称性越来越明显,而较细的泥沙颗粒在水中更容易保持悬浮状态,从而使泥沙浓度垂线分布变化幅度小于粗颗粒泥沙。

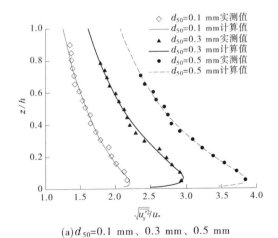

(a)d_{50}=0.1 mm、0.3 mm、0.5 mm

图 6-2　泥沙颗粒水平脉动强度实测数据与计算值对比

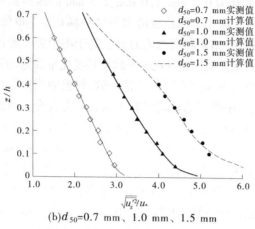

(b)d_{50}=0.7 mm、1.0 mm、1.5 mm

续图 6-2

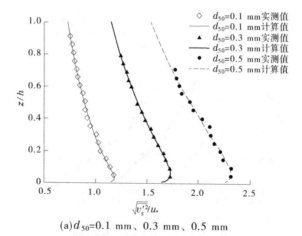

(a)d_{50}=0.1 mm、0.3 mm、0.5 mm

图 6-3　泥沙颗粒垂线脉动强度实测数据与计算值对比

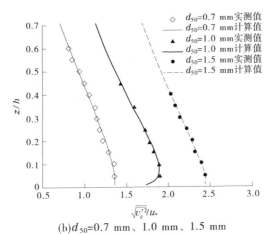

(b)d_{50}=0.7 mm、1.0 mm、1.5 mm

续图 6-3

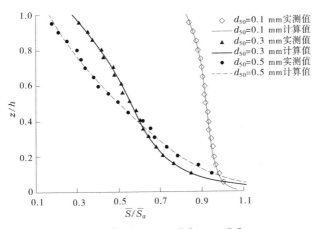

(a)d_{50}=0.1 mm、0.3 mm、0.5 mm

图 6-4　悬浮泥沙浓度垂线分布实测数据与计算值对比

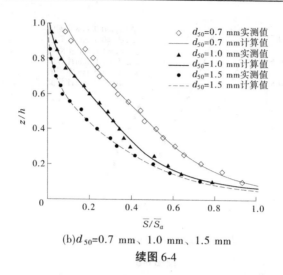

(b)d_{50}=0.7 mm、1.0 mm、1.5 mm

续图 6-4

6.4.3.2　Graf 和 Cellino 变坡水槽泥沙扩散系数试验验证

　　Graf 和 Cellino[96]运用变坡循环水槽对泥沙浓度垂线分布特征进行了研究,并测得了大量试验数据。试验中分别采用中值粒径为 0.135 mm 和 0.230 mm 的两种泥沙颗粒进行试验研究。选择Ⅰ类(中值粒径为 0.135 mm)泥沙的三组试验结果和Ⅱ类(0.230 mm)泥沙的两组试验结果对式(6-10b)进行验证,并采用最小二乘法对相关参数进行率定。实测值和计算值的对比如图 6-5 所示。根据各组试验实测值和公式计算值的对比可以看出,式(6-10b)能够表达脉动强度特征的各种趋势,包括与较细泥沙颗粒的差异,较粗泥沙颗粒的泥沙脉动通量的最大值未出现在近底处的情形。

　　许多学者提出,泥沙扩散系数表达式符合抛物型或类抛物型分布,根据 Graf 和 Cellino 试验测得的数据计算得出的泥沙扩散系数垂线分布与抛物型分布较为一致,进一步说明了泥沙扩散系数表达式的合理性。根据泥沙脉动通量垂线分布的计算确定相关系

数,式(6-21)计算得到的泥沙扩散系数的垂线分布与Ⅰ类(0. 135
mm)泥沙和Ⅱ类(0. 230 mm)泥沙的实测资料的对比分布如图 6-6
所示。图中各不同试验组次平移排序与上文相同。可以看出,采
用式(6-21)的计算值在不同中值粒径的试验组次中均与实测数据
较为符合。进一步分析发现,Graf 和 Cellino 的试验中各组次得到
的泥沙扩散系数整体服从类抛物型分布,但较粗颗粒的泥沙比较
细颗粒的泥沙在垂线上表现得更加不对称。

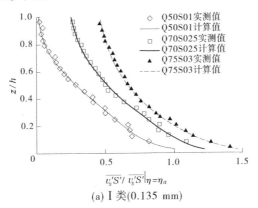

(a) Ⅰ类(0.135 mm)

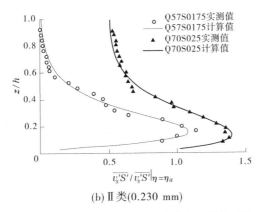

(b) Ⅱ类(0.230 mm)

图 6-5　泥沙脉动通量试验值与计算值对比

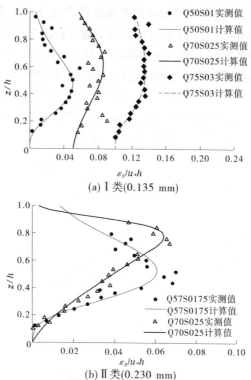

(a) I 类(0.135 mm)

(b) II 类(0.230 mm)

图 6-6　泥沙扩散系数实测值与计算值对比

6.4.3.3　Nikora 和 Goring 含沙量分布现场试验验证

Nikora 和 Goring[97]在新西兰北坎特伯雷的巴尔莫勒尔运河灌溉渠的顺直渠段中开展了悬沙浓度分布的现场试验研究。在渠中央平底部分将河床上圆形砾石人工替换为由粗沙组成的床沙。由于巴尔莫勒尔运河悬浮泥沙浓度变化的影响,两个分离放置的悬浮泥沙浓度测量仪分别测出了较高浓度和较低浓度的水体含沙量。悬浮泥沙的颗粒粒径分布随水深变化不明显,在两个不同的测量站位分别测得泥沙中值粒径为 0.06~0.07 mm 和 0.05~0.06 mm,级配范围为 0.03~0.10 mm。采用实测较低浓度和较高浓度的四个组次的悬浮泥沙垂向分布实测数据对式(6-37)进行验证，结果如图6-7所示。可以看出，采用式(6-37)计算得到的不同测量站位悬沙浓度垂线分布均与实测数据较为一致。悬浮泥沙浓度垂线分布反映泥沙运动的宏观现象，其相关参数的灵敏度要弱于微观现象的泥沙脉动。为进一步验证式(6-10b)对于泥沙脉动强度的计算精度，采用较低含沙量与较高含沙量水体中实测数据与计算值进行对比，结果如图6-8(a)和图6-8(b)所示。由图6-8可知，式(6-10b)在较低浓度与较高浓度中均能够较客观地描述泥沙脉动强度的分布形态。

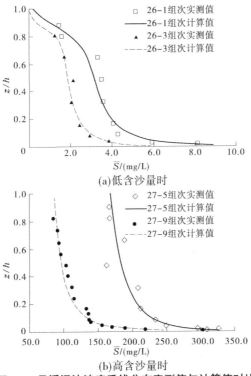

图 6-7　悬浮泥沙浓度垂线分布实测值与计算值对比

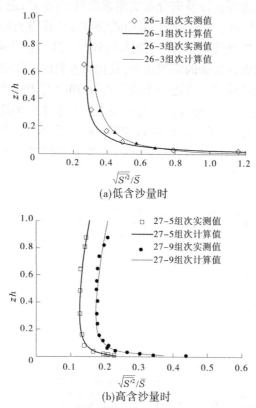

(a)低含沙量时

(b)高含沙量时

图 6-8　泥沙脉动强度实测值与计算值对比

Nikora 和 Gorin 所获得的泥沙扩散系数实测数据是经典的实测数据成果之一。为了更好地检验式(6-21)的精度,Rouse 方程的计算结果也放入验证对比图中。低含沙量试验验证对比如图 6-9(a)和图 6-9(b)所示,可以看出,低含沙量条件下,泥沙扩散系数基本服从类抛物型分布,Rouse 方程和式(6-21)均可较好地描述泥沙扩散系数的垂线分布特征。在水体中泥沙含量较高时,泥沙扩散系数表现出由底部向水表递增型分布,该条件下,Rouse

方程的计算结果与实测数据不符,而式(6-21)能够较好地反映泥沙扩散系数的分布及变化趋势,且泥沙扩散系数在近水面处呈一定范围内波动,并逐渐增大的趋势。Rouse方程与式(6-21)计算结果及实测数据的对比如图6-10(a)和图6-10(b)所示。

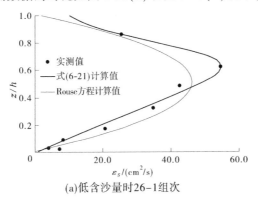

(a)低含沙量时26-1组次

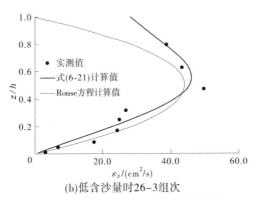

(b)低含沙量时26-3组次

图6-9　式(6-21)和Rouse方程计算值与
试验所测泥沙扩散系数的对比

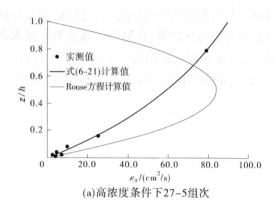

(a)高浓度条件下27-5组次

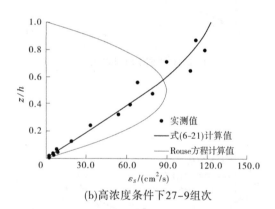

(b)高浓度条件下27-9组次

**图6-10　式(6-21)和 Rouse 方程计算值与
试验所测泥沙扩散系数的对比**

6.4.3.4　Coleman 试验数据和埃诺里河、黄河实测资料验证

泥沙扩散系数垂向分布在不同水流动力和含沙量条件下展现出不同规律。除上述试验得到的类抛物型分布外,部分试验和实测观测中得到的泥沙扩散系数表现出非抛物分布的特征。较为典型的实测数据来源于 Coleman 试验[99]以及埃诺里河和黄河[100]的实测资料。Coleman 采用水槽试验对悬沙浓度垂向分布进行了研

究,计算得出泥沙扩散系数沿水深应为抛物—常数型分布,即近水
面处泥沙扩散系数趋于稳定。根据埃诺里河的含沙量实测资料计
算出的泥沙扩散系数也符合这一变化特征。针对这一类特征,
Van Rijn 对 Rouse 方程泥沙扩散系数的公式结构进行改进,提出
采用分段函数表示泥沙扩散系数垂向分布,其中仍存在不连续点。
式(6-21)作为连续函数的表达式,可用来表达上述抛物—常数型
泥沙扩散系数垂向分布。Coleman 的实测泥沙扩散系数与
式(6-21)计算值对比如图 6-11 所示,图 6-12 则为埃诺里河实测泥
沙扩散系数数据与式(6-21)计算值对比。可以看出,式(6-21)计
算值与实测值较为符合,可较好地反映水槽试验和河流中实测得
出的抛物—常数型泥沙扩散系数分布特征。

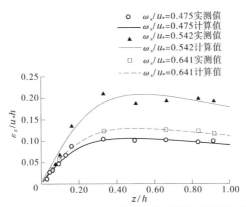

**图 6-11　Coleman(1970)在试验中得到的泥沙扩散系数资料与
式(6-21)计算值对比**

为验证式(6-21)在较高含沙量的天然河流中的适用性,采用
Liu[100]收集的根据黄河(属于多沙河流)中含沙量实测数据得到
的泥沙扩散系数分布对式(6-21)进行验证,结果如图 6-13 所示,
图中数据含沙量范围为 153~300 kg/m³。可以看出,在较高含沙
量条件下,式(6-21)计算值与四组实测数据均较为符合。在黄河

等多沙河流中,泥沙扩散系数由底部沿水深向上逐渐增大,后基本保持不变,泥沙扩散系数在垂向上更符合抛物—常数型分布,这与水体中高含沙对水体紊动结构的影响及组成高含沙的泥沙颗粒级配密切相关。

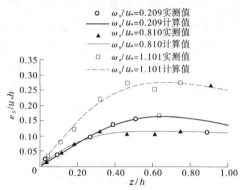

图 6-12　埃诺里河实测泥沙扩散系数的数据与式(6-21)计算结果验证对比

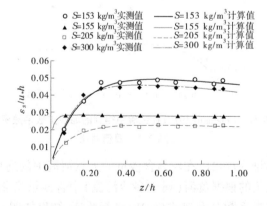

图 6-13　黄河八种浓度条件下实测泥沙扩散系数与式(6-21)计算结果验证对比

综上所述,采用多组次试验和实测数据对泥沙颗粒脉动强度公式、泥沙扩散系数分布公式及悬浮泥沙浓度垂线分布公式进行了验证,结果表明推导得到的系列公式具有较合理的公式结构,能够较准确地描述含沙水流中泥沙颗粒运动强度和水流含沙量的分布形态及变化趋势;通过调整公式参数,公式能够反映不同水流动力和含沙量条件下泥沙扩散呈现的类抛物型分布和抛物—常数型分布,公式具有较广的适用性。

需要指出的是,在公式的率定和验证过程中,由于试验条件和实测条件的差异,式中系数的确定依据多种统计参数计算结果进行确定,在进行计算时,针对一定粒径的泥沙或模型沙开展的试验进行一次公式参数的率定,在不同粒径泥沙或模型沙的试验和实测数据中则采用不同的率定系数进行验证计算。

第7章　结　语

　　本书以沙质河床上沙波形态为主要研究对象,采用理论推导与实测试验数据分析、水槽试验及数值模拟相结合的方式,针对沙质河床非对称沙波几何形态、沙波床面阻力变化及沙波诱发的近底水流边界层紊动结构展开研究,建立了沙波床面水流流速垂线分布表达式,对沙波上切应力及悬浮泥沙浓度垂线分布及其重要参数进行了探讨,揭示了水沙输移过程中沙波床面阻力特征及其对动力条件的影响机制。主要结论如下:

　　(1)以沙波微元为研究对象,基于床面形态发生微小变化所需要的能量和动量必然来自于相应条件下的水流的认知,对沙波背流面展开受力分析并考虑动水压强的影响,根据沙波背流面处能量守恒方程和动量守恒方程推导了稳态条件下沙波的波高公式和对称型沙波的波长公式。

　　(2)对沙波迎流面上的泥沙颗粒进行受力分析,辨析了水下修正角和内摩擦角的差异,提出了稳定条件下泥沙颗粒水下休止角的表达式,建立沙波迎流面长度计算公式,进而得到完整的沙波形态随水流强度的变化关系,并最终得到考虑水流分离点影响的沙质河床非对称沙波表观阻力数学表达式。采用实测数据对所推导的公式进行了验证和分析,结果表明,推导得到的公式能够较好地反映稳定状态下沙波波长和波高尺度。

　　(3)通过对经典沙波地形上水流试验的计算分析,阐明了沙波床面上水流紊动结构变化的物理图景。提出了沙质河床非对称沙波诱发的流速偏移角函数表达式,该函数与相对水深及水平位置有关。根据沙波引起的空间流速矢量偏移规律,将指数流速分布通过建立的子坐标体系进行转化,推导了非对称沙波迎流面处流速垂线分布公式,提出了非对称沙波影响下表征水流紊动结构的动量传递系数公式以及切应力垂线分布公式,该分布公式可以较好地描述沙波上水流流速垂线分布特征。

(4)提出了沙波地形条件下的泥沙颗粒脉动流速强度垂线分布表达式,推导了对应的泥沙扩散系数以及悬沙浓度垂线分布,对参考高度处的含沙量选取进行了讨论。采用多组室内试验和天然河流实测数据对系列公式进行验证分析,结果表明,推导得到的系列公式具有较合理的公式结构,能够较准确地描述含沙水流中泥沙颗粒运动强度和水流含沙量的分布形态及变化趋势;通过调整公式参数,公式能够反映不同水流动力和含沙量条件下泥沙扩散呈现的类抛物型分布和抛物—常数型分布,公式具有较广的适用性。

参考文献

[1] 张瑞瑾. 河流泥沙动力学[M]. 2版. 北京:中国水利水电出版社,1998.

[2] 秦荣昱,胡春宏. 河床冲刷粗化研究进展及方向[J]. 泥沙研究,1997,(2):80-83.

[3] 卢金友,朱勇辉. 水利枢纽下游河床冲刷与再造过程研究进展[J]. 长江科学院院报,2019,36(12):1-9.

[4] 秦荣昱,刘淑杰,王崇浩. 黄河下游河道阻力与输沙特性的研究[J]. 泥沙研究,1995(4):10-18.

[5] 邵学军,王兴奎. 河流动力学概论[M]. 北京:清华大学出版社,2013.

[6] 钱宁,万兆慧. 泥沙运动力学[M]. 北京:科学出版社,2003.

[7] 赵连白,袁美琦. 沙波运动与推移质输沙率[J]. 泥沙研究,1995(4):65-71.

[8] Van Rijn. Principles of sediment transport in rivers, estuaries and coastal seas[M]. Amsterdam:Aqua Publications, 1993.

[9] 李国英. 黄河洪水演进洪峰增值现象及其机理[J]. 水利学报,2008(5):511-517,527.

[10] 江恩惠,李军华,董其华,等. 黄河下游洪峰增值研究综述[J]. 水动力学研究与进展 A 辑,2012,27(6):727-733.

[11] 窦身堂,张原峰,余欣,等. 高含沙洪水演进过程及动力学机理分析[J]. 水力发电学报,2014,33(5):114-119.

[12] Van Rijn L C. The prediction of bedforms and alluvial roughness[M]//Mechanics of Sediment Transport. CRC Press, 2020:133-135.

[13] Coleman S E, Nikora V I, Aberle J. Interpretation of alluvial beds through bed-elevation distribution moments[J]. Water Resources Research, 2011, 47(11).

[14] Yalin M S, Da Silva A M F. Fluvial processes[C]. Delft, The Netherlands:IAHR, 2001.

[15] Van der Mark C F, Blom A, Hulscher S. Quantification of variability in

bedform geometry[J]. Journal of Geophysical Research: Earth Surface, 2008, 113(F3).

[16] 毛野,张志军,袁新明,等.沙波附近紊流拟序结构特性初步研究[J].河海大学学报(自然科学版),2002(5):56-61.

[17] Yalin M S. Mechanics of sediment transport[M]. Pergamon Press, 1976.

[18] Kennedy J F. Stationary waves and antidunes in alluvial channels[D]. California Institute of Technology, 1960.

[19] Vittori G, Blondeaux P. Sand ripples under sea waves Part 2. Finite-amplitude development[J]. Journal of Fluid Mechanics, 1990, 218: 19-39.

[20] Foti E, Blondeaux P. Sea ripple formation: the turbulent boundary layer case[J]. Coastal engineering, 1995, 25(3): 227-236.

[21] 郑兆珍,王尚毅.沙纹的成因及其计算[J].水利学报,1985(4):37-44.

[22] 王尚毅,李大鸣.南海珠江口盆地陆架斜坡及大陆坡海底沙波动态分析[J].海洋学报(中文版),1994(6):122-132.

[23] 白玉川,徐海珏.沙纹床面明渠层流稳定性特征的研究[J].中国科学 E辑:工程科学 材料科学,2005(1):53-73.

[24] Andreas M A, Jiang C B. A linear theory for disturbance of coherent structure and mechanism of sand wave in open channel flow[J]. International Journal of Sediment Research, 2001, 15(2): 234-243.

[25] Ji Z G, Mendoza C. Weakly nonlinear stability analysis for dune formation[J]. Journal of Hydraulic Engineering, 1997, 123(11): 979-985.

[26] Williams J J, Bell P S, Thorne P D, et al. Measurement and prediction of wave-generated suborbital ripples[J]. Journal of Geophysical Research: Oceans, 2004, 109(C2):1-18.

[27] Yamaguchi N, Sekiguchi H. Variability of wave-induced ripple migration in wave-flume experiments and its implications for sediment transport[J]. Coastal Engineering, 2011, 58(8): 671-677.

[28] Masselink G, Austin M J, O'Hare T J, et al. Geometry and dynamics of wave ripples in the nearshore zone of a coarse sandy beach[J]. Journal of Geophysical Research: Oceans, 2007, 112(C10).

[29] Doucette J S. Geometry and grain-size sorting of ripples on low-energy sandy

beaches: field observations and model predictions [J]. Sedimentology, 2002, 49(3): 483-503.

[30] Peter Nielsen. Coastal bottom boundary layers and sediment transport[M]. World scientific, 1992.

[31] Mogridge G R, Davies M H, Willis D H. Geometry prediction for wave-generated bedforms[J]. Coastal Engineering, 1994, 22(3-4): 255-286.

[32] Wikramanayake P N, Madsen O S. Calculation of movable bed friction factors [R]. MASSACHUSETTS INST OF TECH CAMBRIDGE RALPH M PARSONS LAB FOR WATER RESOURCES AND HYDRODYNAMICS, 1994.

[33] Grasmeijer B T, Kleinhans M G. Observed and predicted bed forms and their effect on suspended sand concentrations [J]. Coastal Engineering, 2004, 51(5): 351-371.

[34] Styles R, Glenn S M. Modeling bottom roughness in the presence of wave-generated ripples [J]. Journal of Geophysical Research: Oceans, 2002, 107(C8).

[35] Wiberg P L, Harris C K. Ripple geometry in wave-dominated environments [J]. JOURNAL OF GEOPHYSICAL RESEARCH-ALL SERIES-, 1994, 99: 775.

[36] Soulsby R, Whitehouse R. Prediction of Ripple Properties in Shelf Seas: Mark1, Predictor[R]. Technical Report TR 150. HR Wallingford, Wallingford, UK. 2005a.

[37] Williams J J, Bell P S, Thorne P D. Unifying large and small wave-generated ripples [J]. Journal of Geophysical Research: Oceans, 2005, 110 (C2).

[38] 郭兴杰,程和琴,莫若瑜,等.长江口沙波统计特征及输移规律[J].海洋学报, 2015, 37(5): 148-158.

[39] 王永红,沈焕庭,李九发,等.长江河口涨、落潮槽内的沙波地貌和输移特征[J].海洋与湖沼, 2011, 42(2):330-336.

[40] Yalin M S. River mechanics[M]. Elsevier, 2015.

[41] Zhou D, Mendoza C. Growth model for sand wavelets[J]. Journal of Hydraulic Engineering, 2005, 131(10):866-876.

［42］ Valance A. Formation of ripples over a sand bed submitted to a turbulent shear flow［J］. The European Physical Journal B-Condensed Matter and Complex Systems, 2005, 45(3): 433-442.

［43］ 詹义正,卢金友,唐洪武.沙波运动基本控制方程及其解［J］.泥沙研究, 2014(6):6-11.

［44］ 詹义正,余明辉,邓金运,等.沙波波高随水流强度变化规律的探讨［J］. 武汉大学学报(工学版),2006(6):10-13.

［45］ 边淑华,夏东兴,陈义兰,等.胶州湾口海底沙波的类型、特征及发育影响因素［J］.中国海洋大学学报(自然科学版),2006(2):327-330.

［46］ Davies A G. Field observation of the threshold of sediment motion by wave action［J］. Sedimentology, 1978, Vol. 32.

［47］ Bridge J S. Rivers and floodplains: forms, processes, and sedimentary record［M］. John Wiley & Sons, 2009.

［48］ Vanoni V A, Hwang L S. Bed forms and friction in streams［J］. Journal of the Hydraulics Division, 1967.

［49］ McLean S R, Nelson J M, Wolfe S R. Turbulence structure over two-dimensional bed forms: implications for sediment transport［J］. Journal of Geophysical Research: Oceans, 1994, 99(C6): 12729-12747.

［50］ McLean S R, Wolfe S R, Nelson J M. Predicting boundary shear stress and sediment transport over bed forms［J］. Journal of Hydraulic Engineering, 1999, 125(7): 725-736.

［51］ Brownlie W R. Prediction of flow depth and sediment discharge in open channels［R］. Laboratory of Hydraulics and Water Resources Report, 43A. California Institute of Technology,Pasadena, CA,1981.

［52］ 白玉川,许栋.扰动对明渠湍流结构及床面稳定性影响的实验研究［J］. 水利学报, 2007(1):23-31.

［53］ 林缅,袁志达.振荡流作用下波状底床上流场特性的实验研究［J］.地球物理学报,2005(6):253-261.

［54］ Stoesser T, Braun C, Garcia-Villalba M, et al. Turbulence structures in flow over two-dimensional dunes［J］. Journal of Hydraulic Engineering, 2008, 134(1):42-55.

[55] Shi-he L. Turbulent coherent structures in channels with sand waves[J]. JOURNAL OF HYDRODYNAMICS SERIES B-ENGLISH EDITION-, 2001, 13(2):106-110.

[56] Lopez F, Fernandez R, Best J. Turbulence and Coherent Flow Structures Associated with Bedform Amalgamation: An Experimental Study of the Ripple-Dune Transition[M]//Building Partnerships. 2000.

[57] Noguchi K, Nezu I, Sanjou M. Turbulence structure and fluid-particle interaction in sediment-laden flows over developing sand dunes[J]. Environmental fluid mechanics, 2008, 8(5-6):569-578.

[58] Best J. The fluid dynamics of river dunes: A review and some future research directions[J]. Journal of Geophysical Research: Earth Surface, 2005, 110(F4).

[59] Van Mierlo, J. de Ruiter. Turbulence measurements above artificial dunes: I. Report on measurements[R]. Delft Hydraulics, Q789 volume I text, December 1988.

[60] Balachandar R, Hyun B S, Patel V C. Effect of depth on flow over a fixed dune [J]. Canadian Journal of Civil Engineering, 2007, 34 (12): 1587-1599.

[61] McLean S R, Wolfe S R, Nelson J M. Predicting boundary shear stress and sediment transport over bed forms[J]. Journal of Hydraulic Engineering, 1999, 125(7): 725-736.

[62] McLean S R, Nelson J M, Wolfe S R. Turbulence structure over two-dimensional bed forms: implications for sediment transport[J]. Journal of Geophysical Research: Oceans, 1994, 99(C6): 12729-12747.

[63] Wiberg P L, Nelson J M. Unidirectional flow over asymmetric and symmetric ripples[J]. Journal of Geophysical Research: Oceans, 1992, 97(C8): 12745-12761.

[64] 唐小南,窦国仁. 沙波河床的明渠水流试验研究[J]. 水利水运科学研究,1993(1):25-31.

[65] 乐培九,朱玉德,崔喜凤. 二度非均匀流流速分布初探[J]. 水道港口, 2006(4):205-210.

［66］马殿光,董伟良,徐俊锋.沙波迎流面流速分布公式［J］.水科学进展, 2015,26(3):396-403.

［67］王哲.长江中下游(武汉—河口)底床沙波型态及其动力机制［D］.上海:华东师范大学,2007.

［68］Yamaguchi N, Sekiguchi H. Variability of wave-induced ripple migration in wave-flume experiments and its implications for sediment transport［J］. Coastal Engineering, 2011, 58(8): 671-677.

［69］李寿千,陆永军.波流边界层泥沙运动过程［M］.南京:河海大学出版社,2016.

［70］陈立,徐敏,黄杰,等.基于起动相似选沙的模型沙波相似性的初步试验研究［J］.四川大学学报(工程科学版),2016,48(3):35-40.

［71］彭新民,郭航忠,张蕊.水流脉动压力的小波分析研究［J］.水利学报, 2003,(8):26-31.

［72］林鹏,陈立,叶小云.挟沙水流浓度脉动特性研究［J］.武汉大学学报(工学版),2002(2):36-39.

［73］蒋昌波,白玉川,赵子丹,等.波浪作用下涡动沙纹床面的悬沙运动数值研究［J］.水利学报,2003(3):93-97,103.

［74］肖千璐,李瑞杰,王梅菊.波浪作用下沙纹床面形态及底摩阻系数研究［J］.水运工程,2017(5):12-18.

［75］唐立模,孙会东,刘全帅.明渠紊流与床面形态相互作用研究进展［J］.水利水电科技进展,2015,35(2):77-84.

［76］董其华,赵连军,顾霜妹.冲积河流沙波阻力规律研究［J］.中国农村水利水电,2016(2):57-59.

［77］赵振兴,何建京.水力学［M］.北京:清华大学出版社,2010.

［78］Mellor G L, Yamada T. Development of a turbulence closure model for geophysical fluid problems［J］. Reviews of Geophysics, 1982, 20(4): 851-875.

［79］Nelson J M, Smith J D. Mechanics of flow over ripples and dunes［J］. Journal of Geophysical Research: Oceans, 1989, 94(C6): 8146-8162.

［80］黄良文.动床床面沙波形态变化规律的研究［D］.武汉:武汉大学,2003.

[81] Mead C T. An investigation of the suitability of two-dimensional mathematical models for predicting sand deposition in dredged trenches across estuaries[J]. Journal of Hydraulic Research, 1999, 37(4): 447-464.

[82] 孟震,杨文俊. 泥沙颗粒水下休止角与内摩擦角差异化初步探索[J]. 泥沙研究,2012(4):76-80.

[83] 孟震,杨文俊. 基于三维泥沙颗粒的相对隐蔽度初步分析[J]. 泥沙研究,2011(3):17-22.

[84] 丰青. 潮流及波浪作用下水沙分布研究及数值模拟[D].南京:河海大学, 2015.

[85] Mellor G L, Yamada T. Development of a turbulence closure model for geophysical fluid problems [J]. Reviews of Geophysics, 1982, 20 (4): 851-875.

[86] Rodi W. Examples of calculation methods for flow and mixing in stratified fluids [J]. Journal of Geophysical Research: Oceans (1978—2012), 1987, 92(C5): 5305-5328.

[87] Van Rijn L C. Unified view of sediment transport by currents and waves. Ⅱ: Suspended transport[J]. Journal of Hydraulic Engineering, 2007, 133 (6): 668-689.

[88] Kemp P H, Simons R R. The interaction between waves and a turbulent current: waves propagating with the current[J]. Journal of Fluid Mechanics, 1982, 116: 227-250.

[89] Feng Qing, Xiao Qian-lu. Velocity and shear stress profiles for tidal effected channels[J]. Ocean Engineering, 2015, 101:172-181.

[90] Wang Xingkui, Qian Ning. Turbulence characteristics of sediment-laden flow [J]. Journal of Hydraulic Engineering, ASCE, 1989, 115 (6): 781-800.

[91] 李丹勋. 悬移质颗粒运动特性的研究[D]. 北京:清华大学,1999.

[92] Nakagawa H, Nezu I, Ueda H. Turbulence of open channel flow over smooth and rough beds[J]. 土木学会论文报告集, 1975, 1975(241): 155-168.

[93] Nezu I, Nakagawa H, Jirka G H. Turbulence in open-channel flows[J].

Journal of Hydraulic Engineering, 1994, 120(10): 1235-1237.

[94] Kironoto B A, Graf W H. Turbulence characteristics in rough uniform open-channel flow [J]. Proceedings of the ICE-Water Maritime and Energy, 1994, 106(4): 333-344.

[95] Cellino M, Graf W H. Sediment-laden flow in open-channels under noncapacity and capacity conditions [J]. Journal of Hydraulic Engineering, 1999, 125(5): 455-462.

[96] Graf W H, Cellino M. Suspension flows in open channels; experimental study[J]. Journal of Hydraulic Research, 2002, 40(4), 435-447.

[97] Nikora V I, Goring D G. Fluctuations of suspended sediment concentration and turbulent sediment fluxes in an open. channel flow[J]. Journal of Hydraulic Engineering,2002,128(2):214-224.

[98] 倪晋仁,惠遇甲. 悬移质浓度垂线分布的各种理论及其间关系[J]. 水利水运科学研究,1988(1):83-97.

[99] Coleman N L. Flume studies of the sediment transfer coefficient[J]. Water Resource Research, 1970,6(3): 801-809.

[100] Liu J J. Vertical distribution of sediment concentration in the openchannel [J]. Journal of sediment research, June, 1996, 105-108.

[101] Van Landeghem K J J, Uehara K, Wheeler A J, et al. Post-glacial sediment dynamics in the Irish Sea and sediment wave morphology: Data-model comparisons[J]. Continental Shelf Research, 2009, 29(14): 1723-1736.